环境问题与第三世界

贺新元　著

中央民族大学出版社

图书在版编目（CIP）数据

环境问题与第三世界/贺新元著 .—北京：中央民族大学出版社，2007.9

ISBN 978－7－81108－394－1

Ⅰ.环… Ⅱ.贺… Ⅲ.环境保护－研究－发展中国家 Ⅳ.X－11

中国版本图书馆 CIP 数据核字（2007）第 150707 号

环境问题与第三世界

作　　者　贺新元
责任编辑　方　圆
封面设计　乃　今
出 版 者　中央民族大学出版社
　　　　　北京市海淀区中关村南大街 27 号　邮编:100081
　　　　　电话:68472815(发行部) 传真:68932751(发行部)
　　　　　　　68932218(总编室)　　　68932447(办公室)
发 行 者　全国各地新华书店
印 刷 者　北京宏伟双华印刷有限公司
开　　本　880×1230(毫米)　1/32　印张:8.75
字　　数　220 千字
册　　数　1000 册
版　　次　2007 年 9 月第 1 版　2007 年 9 月第 1 次印刷
书　　号　ISBN 978－7－81108－394－1
定　　价　18.00 元

摘　要

世界在西方全球化进程中变得越来越小，就像一个地球村，但村子里住着两个截然对立的世界，即西方世界和第三世界。在这个地球村里，马克思恩格斯在19世纪对资本主义进行见解独创的批判的基本条件仍然存在，甚至呈现出愈演愈烈之势。环境问题越来越严重，南北差距越来越大。“人同自然的和解以及人同本身的和解”，这一人类的历史任务和两大基本问题，一个也没有得到很好的解决。第三世界在西方全球化进程中，如何正确地应对环境与发展的关系，是一个迫切需要解决的重大理论和现实问题。

因此，必须要用全球的眼光来思考第三世界的环境与发展问题。在这里，作者主要是把第三世界放在资本主义发展的历史体系中来考量。运用马克思主义的科学方法论和科学思维方式，来揭示环境问题这个“世界复合体”的复杂根源及其对第三世界发展的影响，来论证第三世界发展因环境问题而存在的困境及其未来的价值取向。

论文共分七章。

第一章主要阐述环境与发展问题是第三世界的一个时代课题。环境问题自古有之。环境问题成为制约人类发展的全球性问题，是自工业革命以来的资本主义生产方式的全球扩张所造成的。资本主义在全球扩张中，不仅给自然生态环境造成了严重的破坏，而且还制造出了一个为它们所需要的第三世界。资产阶级为了“按照自己的面貌为自己创造出一个世界”，不顾一切地迫使一切民族——如果它们不想灭亡的话——采用它们的这种相对进步且对生态环境破坏力极大的生产方式；并迫使一切未开化和半开化的国家从属于它们这种文明的国家，迫使所有农民的民族从属于资产阶级的民族，迫使东方从属于西方。就这样，民族历史就渐渐地转变为世界历史，就渐渐地被卷入到资本主义全球化历史进程。资本主义全球化日益把整个世界分裂为这么一种社会历史关系：一种剥削与被剥削、压迫与被压迫、支配与被支配的关系，一种资本与劳动严重对立的关系，一种贫富两极分化不断扩大的关系，一种自然生态环境不断恶化并制约着人类社会发展的关系。而第三世界国家在这种社会历史关系中始终处于下游、边缘化地位，在发展问题上是欲罢不能，与人、与环境都受到西方国际垄断资本的控制。

第二章主要论述西方全球化与环境问题。资本主义生产方式与环境问题的产生有着内在的必然联系。资本主义在全球扩张进程中，通过异化劳动、异化自然和异化消费，通过资本主义自由市场经济，通过新旧殖民主义政策，借助其跨国公司，操纵像世界银行和国际货币基金组织之类的国际性组织，在全球范围内，不断地制造出发展的不平衡与发展的联合趋势，来构筑自己发展的可持续性。可结果是，资本主义生产方式的全球扩张在自然方面造成了环境问题的日渐恶化，在人方面制造了贫富差距的不断扩大。这两个后果都直接制约着第三世界发展，使其国家和人民深度处于西方发展过程中的“客体”位置。这两个后果也深刻表明，资本主义的发展是不可持续的，是迟早要被进步人类的历史活动所逆转。

第三章则对石油和水两种资源的资本主义利用进行案例分析，进一步论证资本主义生产方式的不可持续性，以及资本主义生产方式对第三世界环境、资源、发展破坏的可怕图景。

第四章主要论述科学技术的异化是导致环境问题的技术性因素。产生于一定历史积累和社会生产力基础之上的科学技术，一方面有自己发展的规律并且会造成不以人们意志为转移的社会关系的转化，一方面又受制于一定的社会力量，其作用的积极或消极以及这种作用达到怎样的程度，取决于谁来占有和用于何种目的。自然科学的进步和技术的应用在西方全球化进程中，为一定社会人群带来权势和财富，也导致着巨大范围内的贫困和苦难，导致着危害整个人类生存与发展的环境后果。比如，空气、海洋和大气的污染，自然资源枯竭问题，军备竞赛问题，贫富两极分化以及与这些相联系的一系列社会问题与环境问题。“目前地球环境的破坏是能动的技术和科学的产物”。科技的第一次革命，一方面使“资产阶级在它的不到一百年的阶级统治中所创造的生产力，比过去一切世代创造的全部生产力还要多，还要大”；另一方面，使资产阶级在资本主义发展的短时期内，对生态环境所造成的污染和破坏比过去一切世代对生态环境造成的污染和破坏的总和还要多、还要大。科学技术具有社会属性。当前它的资本主义属性还处在强势地位，但它同时具有人民属性，是一种革命力量。科学技术，最终将能帮助人类实现人与人之间的和解以及人与自然之间的和解，但必须与进步合理的社会制度结合在一起。

第五章论述了人类社会发展进程中的几种环境观。马克思主义在揭示人与人的社会发展问题的同时，还全面揭示了人与自然、自然生态环境系统与社会系统之间的辩证发展关系。马克思恩格斯认为，实现“人类同自然界的和解以及人类本身的和解”是人类在发展过程中处理人、自然、社会三者关系的最高价值目标，也是向当代人类提供认识和解决环境问题的基本途径。要真正地实现“两个和解”就必须具备一定的条件、一定的社会前提，即只有当人类在其与自然之间进行的物质变换过程中，作为自由的人而结成劳动者“联合体”时才有可能。到那时，人与人之间的压迫关系、剥削关系都已被消除，不存在了人身占有、人身依附的问题，全体社会成员的根本利益是一致的，不存在根本性的冲突。在这个联合起来的有序而和谐的社会系统里，人们可以充分发挥人的力量，合理地开发、利用自然，从而在新的高度上实现人与自然的统一。

战后“西方马克思主义者”根据变化了的社会现实，用生态学理论对马克思主义进行一种新的理论表述，欲图给人们找到新的社会发展道路和提出建设新社会的社会政治方案。西方绿党也将一种新型的绿色政治思维和未来社会选择性模式纳入了现实政治之中。他们很清楚，人类环境问题并不是今天的科学技术水平与物质文化水平发展不充分不发达的结果，而是由于被一种片面的甚至错误的世界观价值观所误导。西方马克思主义和西方绿色政治的价值取向为我们思考与选择未来提供了一个重要的坐标及参照物。

第三世界国家认为，自己的贫困和环境问题都是西方全球化造成的。如果西方没有行动上的积极参与和责任上的主动承担，环境问题的解决是不可能的。

第六章是在对西方全球化扩张造成的环境问题及科学技术的异化给环境带来的负面影响的分析基础上，主要阐述第三世界环境与发展问题的求解之路。第三世界要真正解决环境与发展问题，一要对外确立民族主义、国家独立，对内实行有利于最大多数人利益的政策；二要立足于自己的国情、吸取资本主义的珍贵经验和成果而避免其发展所带来的痛苦和苦难，建立有自己特色的可持续发展新模式；三要积极加强南南合作，主动参与国际环境外交，以图汇成一个声音、形成一个合力来共同打破由国际垄断资本统治的国际旧秩序；四要果断放弃对西方发展经济学理论、新自由主义理论和西方发展模式所带来的文明的迷恋，勇敢地对现有的生产方式——资本主义生产方式，以及和这种生产方式连在一起的今天的整个社会制度——资本主义制度，实行完全的变革，建立一个符合绝大多数人利益的先进社会制度。因为把对人的压迫和对自然的野蛮掠夺结合在一起的资本主义生产方式及社会制度，只能历史地产生、历史地存在和历史的消亡。

第七章主要论述了中国的环境问题和原因分析、中国对环境问题的政策取向、中国人民对环境问题解决的创新。社会主义中国属于第三世界，依然存在于资本主义占主导地位的世界资本主义体系中，面临的环境问题依然形势严峻且有不断恶化的征兆。环境问题早已摆上了党和政府的重要议事日程，摆上了与经济发展、社会进步同等重要的战略位置。十六大以来，党中央提出了以人为本，全面、协调、可持续的发展观。这标志着，在环境、经济、社会发展问题上，我们党和政府正在开创一条绝大多数人参与的、为绝大多数人的利益服务的新的发展模式。在科学发展观的指导下，经过社会主义制度与市场经济体制的不断趋向完美和谐的结合、法律与政策的不断完善、劳动人民素质的不断提高、党的执政能力的不断加强，以及在国际舞台上环境外交的不断积极开展，我国将为自己乃至全球的环境问题的缓解作出新的贡献。

不言而喻，建设新的人与人、人与自然的平衡将不会一帆风顺。人类社会的真正可持续发展是全人类的共同事业，具有空间上的全球性和时间上的无限性。在空间上，可持续发展涉及全体地球居民；在时间上，它是人与自然不断解放、永无终极的过程。在人类交往日益普遍、世界日益缩小、全球化日益深化的今天，可持续发展思想的提出与实践，正是人类社会发展中绝大多数人的必然选择。同人类社会已经历的生存与发展阶段相比，可持续发展思想为人类社会进化开启了一个新的历史时期——一个绝大多数人参与的、为绝大多数人谋利益的社会变革时期。这个变革时期的到来，就是全人类的绝大多数从历史“客体”转变为历史主体，就是“自由人的联合体”的实现。历史只有到达这个阶段，建立和谐的人与人的关系、人与自然的关系才真正进入历史议程，第三世界也就历史地消失。

Abstract

The world becomes smaller and smaller in the western globalization process, Just like a global village. But two diametrically opposed world live in it, namely the Western countries and the Third World . In this global village, the primary conditions of carrying on the criticism of the opinion original creation of capitalism in the 19th century by Marx and Engels still exist, even demonstrate the tendency of growing in intensity . The environmental problem is getting more and more serious, the gap between the North and the South is getting greater and greater. "conciliation of human and nature , conciliation of human and one's own", this human historical task and two main subjects, though none of them has really been solved. In the western globalization process, how the Third World deals with the relationship of the environment and development, is an urgent great. theoretic and realistic problem to be solved.

Therefore, when we search problem of the environment and development in the Third World countries, it is necessary for us to cross the fixed national boundary and think the problem from a global point of view. In this thesis, the research for the Third World countries is mainly put under the historical system of the development of the capitalism. Using Marxist scientific methodology and scientific mode of thinking, to announce the complicated origin of the environmental question – "Compound Body of World Problem" and the influence on the Third World, to prove the development of the Third World falling the predicament of existing caused by the environmental question and value orientation in the future.

The thesis divides into seven chapters altogether。

In Chapter One, explaining mainly the environment and development problem are becoming the era subjects of the Third World. There has been the environmental question from ancient times. When the environmental question becomes the global question of restricting the human development, is followed the expansion of the means of production of the capitalism in the whole world since industrial revolution. The capitalism has not merely caused serious destruction to ecological environment naturally in expanding in the whole world, and still produce one the Third World needed for them. In order to "it creates a world after its own image", bourgeoisie regardlessly force every nation – if it would not want to be eliminated – to adopt its means of production which bring great damage to the eco – environment, to make barbarian and semi – barbarian countries dependent on the civilized ones, nations of peasants on nations of bourgeois, the East on the West. So, the world is divided and forms such relationships – the relationship between exploiting and exploited, oppressing and oppressed, controlling and controlled; the relationship between capital and labor in an ever contrasting way; the relationship between rich and poor in an ever expanding way. In this thesis, the Third World countries refer to the "barbarian and semi – barbarian countries, nations of peasants" and the so called "the East" . In this way, national history has been changed into the world history gradually, has been involved in the historical process of capitalist globalization gradually.

In Chapter Two, describing mainly western globalization and environmental question. There are inherent positive connections between the mains of the capitalism and environmental question. In the process of expanding of the whole world, the capitalism is making the union trends of the disequilibrium to construct its own sustainable development, through alienation of working, alienation of nature and alienation of consuming , through capitalist free market economy , the new or old colonialism policy, drawing the supporting from its trans - corporation, handling the international organization like the World Bank and International Monetary Fund , etc..The result is , The expanding of the mains production of the capitalism has caused the deterioration of the environmental question in the natural day by day in the whole world, has made the constant enlargement of the gap between the rich and the poor. These two consequences restrain the development of the Third World directly , making its country and people depthly in the "object " position of the process of the western evolution. These two consequences indicate deeply that the development of the capitalism is not sustainable, and will be reversed by the historical activities of the progressing human sooner or later, too.

In Chapter Three, through the analysis of capitalist utilization of the two kinds of resources: petroleum and water, it proves further that the productive mains of capitalism can't be sustainable, and the terrible view that this productive mains destroys the environment, resources, development of the Third World.

In Chapter Four, expounding mainly the fact that the alienation of science and technology is a technical factor which causes the environmental question. Evolving from certain historic accumulation and on the foundation of social productivity, on the one hand, science and technology has the law of its own development and will cause the shifting of the social relationships which is not changed by the wills of people, on the other hand, science and technology limited by a certain social forces, its positive or passive function and the function what kind of degree it does up to, depends on who occupy it and which kind of purpose . Progress of natural science and the applying of technology in the western globalization process, bring the power and wealth for certain social crowd, and cause the poverty and suffering of enormous range, result in the environmental consequence endangering the whole human survival and development. For example, pollution of the air , ocean and air, an exhausted question of natural resources, question of the arms race, the polarization between the rich and the poor, and a series of social concerns and environmental questions that links with the factors above. "the destruction of the earth environment is the production of science and technology at present" . The first revolution of science and technology, on the one hand, makes "the bourgeoisie, during its rule of scarce one hundred years, has created more massive and more colossal productive forces than have all preceding generations together." Meanwhile, by its means of production, the bourgeoisie bring more pollution and damage on the global eco – environment than all preceding generations. It has brought unaccountable damage to all the regions and countries it reaches. Science and technology has social attribute. Its capitalist attribute is still in the surging status at present, but it has people' s attribute at the same time, it is a kind of revolutionary strength. Science and technology, can help the mankind to realize the interpersonal conciliation, the conciliation of people and nature finally.

In Chapter Five, describing several kinds of environmental views in the development process of the human society. Marxism, while announcing the social development problem of human and human, had also announced the dialectical development relation among human, nature, the system of the ecological environment and social system in an all – round way. Marx and Engels think, realizing of " conciliation of people and nature , conciliation of people and one's own" is the highest value goal that the human deals with the relation of people, nature and society in the course of development, is the basic way to know and solve environment problem offering to the contemporary mankind too. To realize really the two conciliations, some certain social prerequisite must be qualified, namely it is possible only when the human as the free person and forms labourers'"association" in the cause of material transformation with the nature. Till that time, the relation of oppressed and exploited between people and people has already been dispelled, not having the problem of the rights of the personal occupying, the rights of the personal dependence, all social members' fundamental interests are unanimous, the fundamental conflict does not exist . In this orderly but harmonious social system jointed together, people can give their strength fully to develope, utilize the nature rationally, thus to realize the unity of people and nature on the new height.

"Western Marxist" carries on a kind of new theoretical states to Marxism with the ecological theory according to the social reality changed after the war, they want to pursue to find the new social development path and social and political scheme of building the new society for people. The western green party has brought a kind of new – type green political thinking and future social alternative mode into realistic politics, too. They know clearly that the human environment problem is not the result of the low level of science and technology today and the low level of material and education, but that it is misled by a kind of one – sided even wrong values. The value orientation of Western Marxism and green politics of the west have offered an important reference object for the fact that we think and choose the future.

The Third World countries think, their poor and environment

problem are all caused by the western globalization. If the west does not participate positively in it and bear on the responsibility, it is impossible to set the environmental problem.

In Chapter Six, explaining the way to solve the environment and development problem of the Third World mainly, on the basic of the analysis of environmental problem caused by the expanding of the western globalization and of negative effect brought by the alienation of science and technology. The Third World should really solve the environment and development problem, first nationalism, national independence to the outside should be established, the policies of benefiting to the overwhelming majority of people''s interests should be carried out inwards; Second the new mode of sustainable development with own characteristics should be set up basing on its own national conditions, and drawing precious experience and achievement of capitalism and avoiding agony and suffering brought by the capitalism; Third the Third World should strengthen south – south cooperation actively, participate in international environmental diplomacy voluntarily, in order to pursue to converge into a sound , form a resultant of forces to break through the international old order ruled by the international monopoly capital; Four the Third World should give up the crazy to the western developing economics theory, new liberalism theory and civilizations brought by the western development model, should need a complete revolution on the present productive means (productive means of the capitalist), and the whole social system (capitalism system) closely related with the productive means bravely, and to set up an advanced social system which accords with the interests of most people. Because the productive mains of the capitalist and the capitalism system which combine the oppression among people to the robbing the nature cruelty together, can only produce, exist and wither away historically.

In Chapter Seven, expounding mainly the Chinese environmental problem and the analysis of the reasons, the policy orientation to the environment problem, Chinese innovation of solving environment problem. The socialist China belongs to the Third World countries. It is still in the capitalist world system with the capitalism taking the main position. It faces serious environment problem which has a sign of deterioration. The environment problem has already been put on the important position of the agenda of CPC and China' s government. It now has the same important strategic position as the economic development and social improvement. Since the 16th CPC Conference, the central committee of CPC puts forward the development outlook of taking man as the main concern to have a harmonious and sustainable development, which means the CPC and government are creating a new development pattern – attended by most people and serve for most people. Guided by the development outlook, together with the continuous perfection of the laws and policies, the continuous improvement of the people qualities, and the CPC' s ruling capacity, also, with the active environment diplomat behavior, China surely will make further contribution to the alleviation of worsening environment problem for China and the whole world as well.

It is not a plain sailing while establishing a new balance between man and man, man and nature. The sustainable development of human society is the common cause for the whole mankind, which has the globality in space and the infinity in time. In space, the sustainable development involves all the residents on earth; in time, it is an infinite process in which man and nature perpetually emancipate themselves. Today' s world is a world getting smaller and smaller in which the interaction between man and man getting more and more frequent and the globalization is getting more and more deepening, so, it is an inevitable choice for most of the people to put forward the thought of sustainable development and, put it into practice. Compared with the past existence and development stages of human history, the thought of sustainable development opens a new historical period for the development of human society – a transient period attended by most people and serves most people. The coming of the new historical period is the shift of the majority of mankind from the historical "object" to the historical subject, that is, to form the "united body of freeman" . Such solution is the inevitable choice for man to solve the environment problem. So, only when the history reaches that stage, can the harmonious relationship between man and nature be established, can the Third World die away historically.

序　言

环境问题是个热门话题。政府重视，报刊经常有相关的消息和文章，国外的材料也很多。写篇论文，不难，不过写得不雷同、有创见，并非易事。《环境问题与第三世界》，题目是作者自己选的。我想，写写看吧。结果就有了眼前的这本书。

我总是和青年朋友讲，写一个题目，第一件事，是相关资料应有尽有，至少没有大的遗漏。我是自称资料员的，屋子四壁的书架，相当一些就堆积着自己剪贴、分类、装订的资料，积累的序号已经在千册以上。新元嗫嚅着："老师，我可以借去看看吗？一定不损害的。用过就送来。"每看他在架前，时而抽出这本，时而抽出那本，一次借走十几二十册，过些日子又来换一批，我就想，这是个刻苦的学生。

在论文答辩会上，导师们给予最高评价的，是关于可持续发展问题的见解。作者批评了国际上流行的、得到联合国认可的定义："在不危及后代人、满足他们需要的能力的前提下，满足我们现在需要的一种发展。"新自由主义全球化闹出一个两极分化日益加剧的世界，世界的绝大多数人被失业、贫困、饥饿、疾病所折磨，这一代人都难以存活，还谈什么后代人。这样的诘问，是流行定义的支持者无言以对的。

资本主义生产方式，是以追求利润为基础的掠夺式的生产方式，具有与生俱来的反生态性质。近年以来，随着它把环境保护纳入自己的体系，增加一项赚钱和加强剥削的产业，在西方国家环境稍有改善的同时，灾难被更大规模地转移到第三世界国家。

马克思曾经揭露它的制造“新陈代谢断裂”。这种状况无非日甚一日地变本加厉而已。

人类属于自然界，是自然界的一部分，只能遵循自然界的客观规律，在这一范围内生产和生活。历史已经进入这样的阶段：无论对劳动者的敲骨吸髓，还是对地球的奴役和盘剥，都在宣告资本主义的非正义性和不可持续。正如西班牙《起义报》2006年3月2日文章《二十一世纪的绿色社会主义》所说，“如果说资本主义现在需要被取代或打败，这种力量一定是社会主义。”

本书已经涉及到问题的这样的深度，但是没有展开。从正面的意义上，为此提供比较完整的现实例证的，也还只有古巴发展农业的经验。我寄希望于作者的进一步研究。

想到新元，我总是很少轻松的时候。这个身材不高、敦实憨厚、面色黧黑、沉默寡言的江西汉子，在我眼里自然是青年，在同学中间，年龄却算大了。他从家乡的山区，带着妻子和孩子一道来到北京，自己读博士学位，孩子也到了上学年龄，一家人要住房吃饭，真不知道曾经经历怎样的艰难。他在北京无亲无故，为了找到一份工作，在炎热的夏天东奔西跑、汗流浃背，到处赔笑脸。待到终于有了一个去处，听说又要申请到西藏了。

他是有研究能力的。愿他有新的成果。

卫建林

2007年2月

目 录

绪 论

一

第三世界发展的制约因素非常多，环境问题只是其中的一个。环境问题正在越来越成为全球性问题。因此，我们必须跨越国界用全球的眼光来思考第三世界的环境问题与发展。作者主要是把第三世界放在资本主义发展的历史体系中来考量。历史看来，任何发达资本主义国家的发展，都需要有一大片相对落后于它的国家和地区，作为它的原材料基地、商品市场、废物倾到地，甚至军事回旋缓冲地。西方国家为了自己的所谓“持续发展”，利用各种手段，采取各种途径试图把这些落后国家和地区凝固成一种“永恒”的关系，拴在自己发展的“战车”上。

本书中的环境问题，就是指在资产阶级为了不断扩大产品销路的需要而奔走于全球各地、不断开拓世界市场的进程中，给自己和全球所带来的对生态环境的严重破坏以及这种破坏所引起的一系列社会问题。

环境问题自古有之。环境问题牵涉到社会与自然的诸多问题，是一个复杂的矛盾综合体，是一个多层面、多维度、多因素、非线性的系统问题。它既是一个自然界的问题，也是一个经济问题、一个社会问题、一个政治问题、甚至一个文化观念的问题。这些问题相互交叉、相互影响而构成罗马俱乐部所称的“世界问题复合体”。[①] 在资本主义生产方式诞生以前，环境问题不过是个地域性问题而已，对人及人类社会的负面影响也还是轻微的、局部的，由于社会历史条件的限制，人类还不能从全局上意识到它的潜在的、跨界的影响，因此没有引起人类的重大警觉。环境问题的全球性随着资产阶级在全球范围内展开“羊吃人”的原始积累过程而显现出来。在此过程中，资本主义生产方式不断地“征服自然”，“资产阶级在它的不到一百年的阶级统治中所创造的生产力比过去一切世代创造的全部生产力还要多，还要大”[②]，但其生产方式所造成的对全球生态环境的污染与破坏，也比过去一切世代造成的全部总和还要多、还要严重。它给所到地区、国家的环境造成了不可估量的破坏。同时，自然也不时地祭起了它的达摩克利斯之剑，不停地对人类进行报复：全球温室效应导致两极出现暖洋现象，土地沙漠化迅速发展，水污染严重，资源、生态面临危机，森林面积的锐减，动植物多样性的减少以及由此引发的各种灾难层出不穷。

第三世界指称的是什么呢？书中第三世界所指称的首先是一种社会历史关系，一种资产阶级为了“按照自己的面貌为自己创造出一个世界”[③]，不顾一切地迫使一切民族——如果它们不想灭亡的话——采用它们的对生态环境破坏力极大的生产方式，迫使一切未开化和半开化的国家从属于它们这种文明的国家，迫使农民的民族从属于资产阶级的民族，迫使东方从属于西方，分裂整个世界而形成的这样一种关系：剥削与被剥削、压迫与被压

① 参见高中华：《环境问题抉择论——生态文明时代的理性思考》，社会科学出版社 2004 年版，前言第 2 页。

② 马克思恩格斯：《共产党宣言》，《马克思恩格斯选集》第 1 卷，北京：人民出版社 1995 年版，第 277 页。

③ 马克思恩格斯：《共产党宣言》，《马克思恩格斯选集》第 1 卷，北京：人民出版社 1995 年版，第 276 页。

迫、支配与被支配的关系，资本与劳动日益对立的关系，贫富两极分化不断扩大的关系，自然生态环境不断恶化并制约着人类社会发展的关系。其次是指生存在这种关系之下的广阔的所谓“未开化和半开化的国家、农民的民族”以及所称的“东方”，即今天的大部分亚非拉国家和地区。

几个非常重要且长期起作用的初始条件使得第三世界发展在环境问题上越来越陷入困境。一个是先天性不公平的“天文秩序”，即几乎所有不发达国家都位于令人不愉快的热带和亚热带，并且在“人为”地变得越来越更令人不愉快，几乎所有发达国家都位于最适合生物生长的温带；一个是后天性不公正的“国际经济政治秩序”，即在资本主义进行原始积累的全球化过程中形成的以资本为主导的全球资本主义体系。在此体系中，处于边缘化的广大第三世界国家在生产、消费、贸易等各方面要么是被“殖民化”，要么是被“郊区化”，在为资本的逻辑作“嫁衣裳”，为西方世界的繁荣承担各种各样的成本。其中环境问题与贫困是最集中的表现。另一个就是时间差问题：第三世界是在西方发达国家“殖民了”、“吸干了”400多年后才于上世纪五六十年代开始真正走上具有自己“国格”的独立发展之路。可是，第三世界又落入了西方发展经济学、发展政治学的陷阱中，受到资本主义私有制及其生产方式，以及由此而来一系列的人口、资源、科技等因素的影响与制约，环境问题、发展问题接踵而至，纷至沓来。

环境问题是人类的一柄双刃剑。它可能给第三世界及全人类带来进步的契机，也可能成为全人类倒退的魔鬼。人类要么继续对自己的生存环境进行“侵略战争”，继续肆无忌惮地糟蹋自己的生存环境，如果这样，那只能是自掘坟墓，自取毁灭；人类要么是认识和遵循社会与自然发展的客观规律，自觉地利用好这个能促进人类生存与发展的契机，从根本上来一次重大的抉择，进行一场深刻的社会变革。要知道，“人类的命运从来没有像现在这样决定于人对地球上其他生命的态度。由于渐进的生态灭绝，使地球的生命维持能力不断地退化和缩小，实际上现代人能像原子弹可以灭绝种族那样正在消灭自己。"①

因此，避免环境破坏制约第三世界国家的发展，避免环境以更加恶劣的报复性行为施加于人类并危及人类的生存与发展，已经成为一个紧迫的现实问题。在思想上，需要认识环境问题的成因与根源，探索解决问题的正确思路与方案；在行动上，需要积极寻找克服现实中环境问题的手段、方式，勇于创造和完善彻底解决环境问题的社会制度。

人类在思想上已经清醒，在行动上已经开始。由西方最早提出的可持续发展思想经过近 20 余年的传播，已经从理论到向了实践，并日益成为人类绝大多数的行动风向标。孕育于资本主义生产方式的可持续发展不仅仅是一种思想理论，还是一种社会运动，并内在地联系着未来的社会结构。由于可持续发展思想，在一定意义上，是人类对资本主义生产方式的反思与认识创新。但是，"单是依靠认识是不够的。这还需要对我们现有的生产方式，以及和这种生产方式连在一起的我们今天的整个社会制度实行完全的变革。"② 马克思主义还认为，人与自然的异化是由人与人的异化所造成的。换句话说，要解决环境问题，真正地实现可持续发展，首先要解决的是人的异化问题，而人的异化的解决就是全人类的绝大多数从历史"客体"转变为历史主体，就是形成"自由人的联合体"。这才是人类解决环境问题、实现可持续发展的必然选择。历史也只有到达这个阶段，建立和谐的人与自然的

① ［意］奥雷利奥·贝切伊著，邵晓光等译：《人的素质》，辽宁大学出版社 1988 年版，第 17 页。

② 恩格斯：《自然辩证法》，《马克思恩格斯选集》第 4 卷，人民出版社 1995 年版，第 385 页。

关系才真正进入了历史议程。

但是，建设新的人与人、人与自然的和谐将不会一帆风顺。人类社会的可持续发展是全人类的共同事业，具有空间上的全球性和时间上的无限性。在空间上，可持续发展涉及全体地球居民；在时间上，它是人与自然不断解放的、永无终极的过程。在人类交往日益普遍、世界日益缩小、全球化日益深化的今天，可持续发展思想的提出与实践，正是人类社会发展中绝大多数人的必然选择。同人类社会已经历的生存与发展阶段相比，可持续发展思想为人类社会进化开启了一个新的历史时期——一个绝大多数人参与的、为绝大多数人谋利益的社会变革时期。

而属于第三世界的社会主义中国，在可持续发展思想的基础上，立足于自己的国情与实践，总结西方发达国家和其他社会主义国家的经验教训，提出了以人为本，全面协调、可持续的科学发展观，科学发展观是对可持续发展思想的超越。这标志着，在环境、经济、社会发展问题上，我们党和政府正在开创一条绝大多数人参与的，为绝大多数人的利益服务的新的发展模式。

二

本文拟从环境问题入手，从社会发展的角度，运用马克思主义的科学方法论和科学思维方式，运用现代系统范式考察、揭示环境问题这个“世界复合体”的复杂根源及其对第三世界发展的影响，论证第三世界发展因环境问题而存在的困境及其未来的价值取向以及如何在可持续发展思想的统领下重建人与人、人与自然之间的和谐。

第一，马克思关于“世界历史”的观点和恩格斯在《劳动在从猿到人转变过程中的作用》中提出的人类支配自然界使它为自己的目的服务，而每一次胜利都遭到自然界报复的观点，为我们分析、解决环境问题与第三世界发展的困境提供了科学的方法论。这两个观点，构成科学的发展理论的奠基石。事实上，至今为止的所有有关发展学包括环境问题的著作，都没有越出这两个观点展示给后人的眼界。[①]

第二，我们应该跳出纯自然环境问题的这个“框框”和国界“框框”并彻底打破它们，用全球观念来思考环境问题与第三世界国家发展之间的关系。在“世界历史”进程中考察环境问题，在人类社会历史发展的全景中考察第三世界发展问题，这是最可能获得系统、全面认识的途径。

对第三世界及全人类环境问题的思考，关键是反思环境问题背后的社会关系和文化价值基础，要清楚认识环境问题实质上是人类工业资本主义的社会制度与文化价值危机，其真正解决也就只能是一场社会结构与文化价值的全面反思与重建。

第三，发展的主体是人类绝大多数，发展的过程就是绝大多数人不断地从“历史客体”转变为历史主体。发展不是为了物质利益的追求，物质只是人类发展的工具而已，发展的最终目的是人的全面发展。

发展是具体的、历史的。在不同时代、不同国家、不同经济政治和文化历史环境中，有不同的形成背景、不同的内涵，因而也有不同的结果。发展已经成为今天包括第三世界国家的整个全球共同关注的重大而紧迫的理论问题和实践问题。就在“发展”成为全球性口号的时候，人类不得不面对的却是一个贫富两极分化、道德水平下降、环境遭到严重破坏的地球。面临着环境压力、贫困压力的第三世界的发展出路在何方？显然，不在西方学

① 参见卫建林：《历史没有句号》，北京师范大学出版社 1997 年版，第 353 页。

者的发展经济学理论中，而在第三世界国家“有勇气抛弃那些无意义的、不中肯的而且有时显然不适当的教条和理论思路，从研究他们自己的需要和问题中刷新思想”中①，在马克思主义的“世界历史”视野中。正如邓小平同志所说：“和平与发展两大问题，和平问题没有得到解决，发展问题更加严重”；南北问题就是发展问题，“南北之间的差距不是在缩小，而是在扩大，并且越来越大”；“应当把发展问题提到全人类的高度来认识，要从这个高度去观察问题和解决问题”。② 只有站在全人类的高度，运用劳动人民的最高智慧，第三世界才能不断地在人民的创新中，找到自己的出路。

三

在和平与发展成为时代主题，并且两个问题一个也没有解决的今天，富国也许可以比较好地解决其国内的环境问题，获得相对优美的环境，因为它们拥有雄厚的资金和高新的技术，因为它们可以把广大第三世界作为其环境问题的转嫁之地。而本来就被西方发达国家殖民剥削得一穷二白的第三世界，其环境、资源、国家独立、民族主权、经济自主又在新一轮西方全球化中渐渐地、一点点地失去，这些国家还要不要生存、发展？他们的生存权与发展权又有什么保障？在这种背景下，要论述清第三世界发展与环境问题的关联很费力，但这的确是一个具有重大理论与现实意义的课题。研究清楚这两者之间的关系，一可以使第三世界

---

① 参见迈耶等编，谭崇台等译：《发展经济学的先驱》，经济科学出版社 1988 年版，第 19 页。

② 《邓小平文选》第三卷，人民出版社 1993 年版，第 282—353 页。

国家有一面科学的镜子，以便清醒地认识自己的现实处境，二可以制定相应的对策从技术层面来缓解中短期的、从制度层面来解决长期的环境与发展问题。

第一章　环境与发展问题的提出：第三世界的时代课题

第一节　环境与环境问题

环境是人类生存和发展的前提和保证，“人类既是他的环境的创造物，又是他的环境的塑造者，环境给予人以维持生存的东西，并给他提供了在智力、道德、社会和精神等方面获得发展的机会。”①

发展是人类永恒的主题，但成功的发展是没有万灵的妙方。发展得付出代价，尤其是生态环境的代价。生存在地球上的人类，在漫长和曲折的进化过程中，已经达到这样一个阶段，即由于科学技术的迅猛发展，人类获得了以无数方法在空前的规模上，改造其环境的能力。同时，人类在追求自身的发展过程中，给自然生态环境造成了极大破坏与严重污染，由此产生的全球环境问题也在不断地报复着人类。环境问题事关人类的共同利益。

日益严重的生态环境问题，已成为今天制约广大第三世界国家经济和社会的发展、困扰着全人类生存的一个全球性的问题。

一、环境与环境问题的内涵

1. 环境

---

① 万以诚、万岍选编：《人类环境宣言》，载《新文明的路标——人类绿色运动史上的经典文献》，吉林人民出版社 2000 年 1 月版，第 1 页。

环境，从一般意义上讲，是指相对于某一中心事物而言的，作为这一中心事物的对立面而存在的一个范围。就马克思主义的观点来说，环境的中心事物是人类，是以人类为主体的外部世界，即人类生存、繁衍与发展所必需的、与之相适应的环境，或物质条件的综合体。从这一点上讲，环境是个相对性的概念，它至少可分为自然环境和社会环境。

人是自然之产物，自然环境是先于人类的客观存在物，也是人类赖以生存、生活和生产所必需的自然条件和自然资源的总称，即阳光、温度、气候、地磁、空气、水、土壤、动植物等等自然因素的总和。

人又是社会之产物，人的本质是各种社会关系的总和。人类一经产生，就得生存，就得进行物质生产劳动。在劳动过程中，由人类的各种活动而形成的包括人类居住的建筑物、生产的产品和能量以及在人类活动中所形成的人与人之间的关系等等，构成了一个相对于自然环境的社会环境。

从历史上看，环境可以大致区分为自然环境和社会环境，但更多的是相互联系的统一体：自打人类产生以来，自然界就成了人类社会的存在基础，人类的一切社会关系又都是在认识和改造自然界中形成的，两者是一对不可分割、彼此又相互制约的对立统一体。

人类改变着环境，环境影响着人类。人类的进步显示出环境的改变和人的活动或自我改变的协调一致性。违反了这种协调一致性，就会产生严重的环境问题。

在人类自然环境中，科学技术留下的痕迹极深。连距人类遥远的月球、火星，也开始已经有人想在那里抢占自己的地盘和势力范围。无论自然环境抑或社会环境，都在发展中占有自己应有的地位。但是在今天由西方主导话语权的发展理论中所讲的环境，却只是或主要是指自然环境甚至把环境直接等同于生态。违反人类活动与环境改变一致性而产生的环境问题仅仅归结为纯生态环境问题，社会环境问题要么被划出环境问题之外，要么只是被顺便提及，这其中的“猫腻”大家清楚得很。在这种强势话语中，为了更好地说明问题，我们姑且把在这个问题上的争论放在一边，也来一个“入乡随俗”，入发展问题之乡而随已有界定之俗。当然啦，有一点要清楚，我们不是在同社会隔绝的情况下来讨论自然环境与环境问题的。事实是这样，我们也只能这样。

2. 环境问题

环境问题自古有之。人类对环境问题的认识经历了一个历史发展过程。在资本主义工业化前，人们对环境问题的认识多只局限于水土流失、水旱灾害、沙漠化等自然灾害层次上，简单地把诸如此类的自然灾害等同于环境问题，而没有深究这些自然灾害主要是由于人口增长、大量砍伐森林、破坏草原、刀耕火种、盲目开荒等原因引起的；进入资本主义工业化时期，尤其在二十世纪六、七十年代，人们对环境问题的认识扩大到了环境污染的层次上，工农业在资本的逻辑下给自然环境造成了严重的污染，把环境污染视为主要环境问题，到了八十年代中期，人们开始认识到了整个生态系统在遭受严重破坏的境况；随着资本主义工业化的不断发展，人们进一步地认识到许多自然灾害、环境污染、以至整个生态破坏的发生都是由于人类的生产方式与生活方式所引起的。

至于环境问题的内涵，人们基于不同的动机和目的持有不同的看法。

有人认为，环境问题可以从狭义和广义两个方面来理解：狭义是指因人类生产和生活活动导致自然生态系统遭到破坏、失去平衡，进而又影响人类生存和发展的一切问题。广义是指因自然力或人力引起自然生态平衡遭到破坏，进而直接或间接影响人类生存和发展的一切客观存在的问题。

有人坚持，环境问题就是指因自然生态环境遭到破坏而严重影响到人类生存与发展的各种因素的总称。

有人指出，环境问题主要就是环境污染和生态破坏。环境污染一般是指有害物质或因子进入自然环境，并在环境中扩散、迁移、转化，使环境系统的结构与功能发生变化，对人类以及其他生物的生存和发展造成不利的影响。而生态破坏是指人类活动直接作用于自然界引起的自然生态系统的破坏和对生物体的危害。

1991 年《发展中国家环境与发展部长级会议北京宣言》对环境问题有一个比较清醒的认识，其中第 1 条指出："我们对于全球环境的迅速恶化深表关注，这主要是由于难以持久的发展模式和生活方式造成的。人类赖以生存的基本条件，如土地、水和大气，正因此受到很大威胁。严重而且普遍的环境问题包括空气污染、气候变化、臭氧层耗损、淡水资源枯竭、河流、湖泊及海洋和海岸环境污染、海洋和海岸带资源减退、水土流失、土地退化、沙漠化、森林破坏、生物多样性锐减、酸沉降、有毒物品扩散和管理不当、有毒有害物品和废弃物的非法贩运、城区不断扩展、城乡地区生活和工作条件恶化，特别是卫生条件不良造成疾病蔓延，以及其他类似问题。而且发展中国家的贫困加剧，妨碍他们满足人民合理需求与愿望的努力，对环境也造成更大压力"。①

尤其是在环境问题成了全球性问题之后，环境问题究竟是什么？根据问题学和系统学有关原理，我认为，环境问题不应仅仅限于温室效应所造成的全球暖化，以及物种的消失、水土流失、地下水污染、耕地锐减、海平面上升、海洋污染、沙漠化、酸

① 《发展中国家环境与发展部长级会议北京宣言》：载万以诚、万岍选编《新文明的路标——人类绿色运动史上的经典文献》，吉林人民出版社 2000 年 1 月版，第 18 页。

雨、雨林的流失及臭氧层的破坏。还包括：造成此等令人类社会关切现象的背景原因，如产业发展、战争、人口、贫穷及贸易等；人类目前所存在着的生产方式和生活方式；不断更新的科学技术对环境的负面作用；国际社会（这里面包含着善意与恶意）面对全球环境恶化，不断协商财务“支援、技术转移及损害赔偿”等事宜，等等。从短期摆脱并缓解这些问题的模式思考，环境问题其实就是这些环节的综合体；从长期一劳永逸地控制好环境并保持与人类发展和谐的模式思考，环境问题其实还涉及到社会制度的变革。我们从全球环境问题的演变历程与发展动态，不难看出其中现象、原因及措施之间的相互交错，也不难看出这些问题在发展与演变过程中不断地借着资讯、科技、共识及规范的强化，成了全人类迫切需要根除的根本问题。

二、自然环境与环境问题的基本特征

1. 自然环境的特征

（1）环境的系统整体性

自然环境包含的内容非常之广，包括大气、水、土地、矿藏、森林、草原、野生动植物和人等一切自然存在物。如此多的内容不是孤立存在，而是互相依赖、互相影响，共同构成一个复杂的系统整体。系统整体性是生态环境系统最重要的客观特性，反映这种特性的环境系统整体性观点是我们观察和理解现实世界的一种方法论原则。

（2）自然环境的迁移性与均衡性

组成环境系统的生物与非生物因素，譬如，水、空气、气候等在系统内会不停地进行着场所的交换，形成系统内外的物流、能流和信息流。正是有了这种迁移，系统才能保持它的内部结构的完整性、均衡性。环境系统就是通过这种动态平衡来实现其自身维持，而动态平衡又是以循环和波动为基础的。因此，我们不能任意地破坏它们之间的迁移规律，以免造成系统的失衡与紊乱。

(3) 自然环境的自控性

作为系统的环境必须具有一定的自控能力，即自我调节能力。由于环境不断地受到人力的作用，它的系统整体性会不时地受到冲击，结构与功能遭到紊乱，而系统在其能力范围内可以不断地调节并恢复好自己的正常结构与功能。如果结构与功能紊乱过度，导致其调节能力退化或丧失，生态环境就可能出现严重破坏或遭受灭顶之灾。

(4) 自然环境的进化性

构成环境系统的各要素之间的相互依赖、相互作用和相互影响使得整个系统处于不停地运动变化。从进化论来讲，系统不是静态的平衡，而是一种在质和量上都保持着动态平衡的进化过程。没有自然环境系统的不断进化，就没有人类的进步与发展。

可见，自然环境的上述特征是我们考察环境问题的客观依据。

2. 环境问题的特征

自然环境的特征决定着环境问题的主要特征。自然环境的进化过程遭到打断、自控能力受到削弱或破坏、内部因子迁移路线受阻而导致系统紊乱、失衡，甚至环境系统遭到整体性破坏，都会引发环境问题的产生。综观之，环境问题的特征主要表现为：全球性、扩散性、跨界性、连锁反应性。这几个特征可以用下面一段文字来说明："生态环境问题高度概括了全人类前途、命运休戚与共的同一性，向人们进一步昭示这个世界正在缩小，各国人民之间日益靠近。在生态环境问题上，任何国家都不能独善其身。因此，任何国家（不论其经济实力有多雄厚，技术水平有多先进）企图将生态危机和环境污染转嫁出去的想法都不可能真正得逞，被输送出去的污染（不论空间上多么遥远）仍然存在于大家共同赖以生存的生物圈里，最终还是要随同生态系统的物质流动循环而殃及输出国自身的。”①

不言而喻，环境问题是全球性问题中的基本问题，因为环境的污染和破坏损害了人类生存与活动所依赖的自然支持系统，直接危及人类的生命与健康。所谓全球性问题，是指在世界范围普遍存在、关系到全人类根本利益、威胁全人类生存与发展及未来命运的困境与难题。它是“一个由许多要素或子系统按一定的层次结构组成的复杂系统，包括国际问题、社会问题系统和生态环境问题系统。”② 作为全球性问题子系统而存在的生态环境问题既有自己的相对独立性，又与其他两个子系统相关联，全球性环境问题对所有国家的安全以及全人类社会的发展都构成严重的威胁。一个国家的环境实际上是这个国家生存和发展的前提和条件，但由于环境是一个彼此相互影响、相互依赖的由多种因素分层次组成的有机整体，它不是静止不变的，而是处在动态的变化之中，所以，一个国家的环境问题是具有连带性的，其影响范围不仅涉及到国家这一层次，也涉及到国际间及至全人类。从这个意义上讲，一个国家的环境问题既是一个社会性问题，又是一个国际性问题。

综合自然环境与环境问题的上述特征，说明了：地图上纵横交错的国界线挡不住环境问题的跨界流动性。人们费尽心机划出的国界，只是用来约束人类自己，对大自然毫无意义。譬如，地幔对流和板块运动决定着大陆和海洋的格局；温室效应和臭氧空洞改变着地球的环境；大气对流和海洋环流制约着气候的变化；资源枯竭和生态失衡威胁着人类的生存。所有这些都是全球性

① 陈敏豪：《制止污染输出的逆流》，载《科技导报》1992年第5期。

② 尹希成、季正矩：《全球化时代的全球性问题》，载《当代世界与社会主义》1999年第3期。

的，与国界毫无瓜葛。但是，每个民族国家尤其是第三世界国家的发展都与环境及环境问题有着决定与被决定的关系。也正是环境问题的无国界性，给广大第三世界国家乃至全人类的发展带来了困境、也带来了契机。

三、环境问题的产生和发展

1. 环境问题的产生与发展

环境问题是随着人类生产方式的不断进化而产生和发展的。从人类生产方式的进化历程来看，我们大致经历了原始农业阶段、传统农业阶段、近现代工业阶段和现代工业阶段。在原始农业阶段，环境基本上是按照自然规律运动变化的，人类在很大程度上仍然依附于自然环境。到了传统农业阶段，人类改造环境的目的越来越明显了，环境问题的出现也就不可避免了，如大量砍伐森林、破坏草原、刀耕火种、盲目开荒引起的严重水土流失、频繁水旱灾害和沙漠化。

农业文明的出现所引起的生态环境的破坏在某些地区已经达到了相当的规模，并产生了严重的社会后果。古今中外的历史上，由于农业文明的发展不当带来的生态环境恶化，从而使文明衰落的例子屡见不鲜：

尼罗河流域的古埃及基于其优越的自然条件享受了一段漫长而辉煌的文明之后，由于上游地区的不断砍伐森林、过度放牧和垦荒，昔日的辉煌不再依旧而沦为现在世界上的贫困地区之一。

位于幼发拉底河和底格里斯河之间的美索不达米亚平原上的葱郁森林、千里沃野所孕育的古巴比伦文明，因同样的原因而埋没在漫漫黄沙之中而销声匿迹。

我国文明的发祥地——黄河流域也没有逃脱这样的厄运。据历史记载，周朝森林覆盖率高达53%的黄土高原，自秦汉始，森林资源不断遭到大面积的砍伐，水土流失日益加剧，河水含泥沙量日益增加（有资料考证，宋朝黄河泥沙含量50%，明朝达到60%，清朝高达70%），从而使得“母亲河”成了“悬河”、“害河”。从此，中华文明的象征之地——黄河流域就成了历史上的重灾区。

不管怎样，在农业文明时代的主要环境问题还是生态破坏。现代意义上的环境问题由于当时的人口较少、人类的活动范围有限和生产方式比较落后而不那么突出。

进入近现代工业阶段，随着工业革命而来的现代工业生产力的不断发展，科学技术的日新月异，劳动生产率得到极大的提高，人类利用和改造自然环境的能力也得到空前的增强。随着人类活动领域的不断扩大，自然环境的组成和结构不断地重新组合，有向良性发展的，但更多的是向恶性膨胀。结资本主义工业化之伴而行的，还有工业污染迅速增加、自然环境急剧恶化、劳资对立全球激化、社会矛盾不断加剧、贫富差距愈加悬殊。至此，现代意义上的环境问题也就随之出现。

自工业革命以来，科学技术突飞猛进，经济迅猛发展，环境问题出现的频率和范围不断增加与扩大，全球环境质量正在进一步恶化。尤其是在20世纪，环境问题急剧上升，以至形成了两次发难高潮：

第一次发难高潮是以西方发达资本主义国家为中心。突出事件有：①1930年12月1—5日造成60多人死亡的比利时马斯河谷事件；②1936年发生在美国的洛杉矶光化学烟雾事件；③1948年10月26—31日致使5911人相继发病、17人死亡的美国宾夕法尼亚州的多诺拉事件；④1952年12月5—8日发生12000多人相继死亡的伦敦烟雾事件；⑤以及全部发生在日本50至60年代的水俣事件、富山事件、四日事件和米糠油事件。这些“公害事件”主要发生在发达资本主义国家，而且是经济发展特别快的西方发达资本主义国家。

第二次发难高潮是以“全球变暖”、“臭氧层破坏”和“酸沉降”三大全球性大气环境问题为标志。这一阶段始于1984年英国科学家发现、1985年美国科学家证实的在南极上空出现的臭氧空洞。这次与第一次相比则是大范围、乃至全球性的环境污染和大面积的生态破坏。它们不仅危害某个国家、某个地区，而且危害整个人类赖以生存的地球；不仅危害经济发达国家，尤其危害着广大的第三世界国家；不仅阻碍了全人类经济的持续发展，而且严重影响着全人类的生存。从环境污染源和生态破坏源来看，既有来自人类的经济再生产活动，也有来自人类的生活活动，但主要来自人类的经济再生产活动；既有来自发达西方国家，也有来自发展中国家，但主要来自发达西方资本主义国家。

从环境问题的发展历程来看，环境问题是随着人类的诞生而出现，并一直随着人类社会的进步而恶化。从表面现象分析，环境问题的实质，好像是由于盲目发展、不合理开发利用资源而造成的环境质量恶化和资源浪费、甚至枯竭和破坏。因此，人们对环境价值的认识不足、缺乏妥善的经济发展和环境规划，似乎就成为了造成现代环境问题的根本原因。

现象往往迷惑人，使人看不清事情的本质。如果对整个人类社会所存在过的生产方式进行考量，我们就可以得出：环境问题实质就是社会问题，资本主义私有制及其生产方式是其产生的根本原因。

2. 环境问题的突出表现

环境问题不是一个民族和国家的单独之事。第三世界固然有自己独特的环境问题，但更多的是跨界性的环境问题。关乎全人类命运的全球性环境问题，对穷国的祸害比对富国的影响要大得多，发达国家催生的高科技带来的环境污染，绝大部分落在穷国身上。发达国家推行霸权主义和强权政治，不断开发的军事武器和引发的战争，都直接或间接地给第三世界国家与地区的环境造成了极大的破坏。

（1）土地退化和荒漠化。土地是工农业生产的基础。荒漠化意味着土壤贫瘠和作物产量下降。全球土地的15%已经因人类活动不同程度地退化。联合国粮农组织的一份研究报告指出，现在每年有700万公顷耕地消失，2100万公顷土地在经济上变成无生产力的土地。① 20世纪60年代以来，世界范围内干旱、半干旱和亚湿润干旱地区人口迅速增长和对地区土地开发日趋扩大，出现了人们始料未及的全球性土地荒漠化问题。目前，全球荒漠化的面积已经达3600万平方公里，占整个地球陆地面积的1/4，全世界受荒漠化影响的国家有100多个，约9亿人受到荒漠化的摧残影响和威胁，这些国家基本属于第三世界。全球荒漠化土地面积相当于俄罗斯、加拿大、中国和美国国土的总和，并还在以每年5万至7万平方公里的速度扩大。联合国最新统计显示，地球表面1/3面临荒漠化威胁，非洲46%的土地和4.85亿人口受到荒漠化影响，亚洲一半以上的干旱地区已受到荒漠化的影响。

撒哈拉沙漠在5000年前还是一片绿色。据联合国环境规划署的调查，目前撒哈拉沙漠每年向南扩展150万公顷，平均每小时有170公顷的沙漠形成。在苏丹境内，1958年至1975年撒哈拉沙漠向南扩展90－100公里，平均每年16米。早在上世纪40年代，有一法国学者就已对非洲沙漠化提出过警告：等到全世界真正注意到沙漠化恐怖时代的到来之时，却已成“夕阳黄昏”。

（2）全球气候变暖。随着人类社会的发展，生产与生活所产生的废气激增。造成大气温室效应的气体主要有二氧化碳、沼气、一氧化二氮及含氯氟烃等。这些气体妨碍从地表向宇宙散热。据检测，1860—1980年的120年间，气温上升了5度。如二

① ［日］西川润：《实现“可持续发展”的条件》，《早稻田政治经济学杂志》1992年第311号。

氧化碳继续增加，2030年前后的温室效应将是今天的2倍。另有资料统计，从1950年至1985年，全球排放的二氧化碳、氮氧化物、氯氟烃等物质增加20倍。据美国科学家计算，世界6个工业化大国排放的“温室气体”占45%。美国的一家非政府组织国际人口行动组织进一步透露，它对175个国家在45年中进行的调查表明，大气层二氧化碳中的65%是集中在发达国家中的占世界人口1/5的人释放的。而另外1/5的人的释放量仅占2%。

气候专家还预计，2025年全球平均表面气温将上升1℃，到21世纪中叶将上升1.5℃—4.5℃。在20世纪里，地球海平面上升10至15厘米。在21世纪，地球海平面将上升1米。这意味着沿海地区可能被淹，不少岛屿有消失的危险，意味着大洋中由珊瑚礁组成的岛屿国家则“国将不存”。面对这种危险，太平洋岛国在联合国第四次世界气候变化会议上强烈要求国际社会，特别是西方发达国家立即采取行动保护环境，以扭转世界气候的变化，避免其领土遭到损害。太平洋14个岛国的代表一致认为，自己国家的海岸正在受到侵蚀，土地的盐分增加，作物受到了威胁，海平面的升高有可能使国家消失。其中基里巴斯群岛代表说，该国一个被渔民作为航标的小岛已消失，其他岛屿也有可能遭到同样的命运。①

全球气候变暖给人类带来的决不仅是一个“暖风熏得游人醉”的冬天，人类的整个生存环境将面临严峻的考验。

(3) 臭氧层耗竭。两名美国科学家马里奥·莫利纳和舍伍德·罗兰德研究认为，“氯氟烃”可能是导致臭氧层耗竭的顽凶。氯氟烃进入大气后，在阳光中会进行分解，并释放出大量的氯，而氯可以进行一种链式反应，极快地破坏臭氧分子。由于科技的发

① 埃菲社布宜诺斯艾利斯1998年11月3日电。

展及人们生活水平的提高，氯氟烃被大量用于生产与生活中，而氯氟烃的使用给大气中具有保护伞作用的臭氧层造成了极大的破坏，最后导致阳光中的紫外线直射地面，有害于生物。据专家认为，臭氧量减少1%，有害紫外线就增加2%，皮肤癌就增加4—6%。浅海动植物浮游生物开始死亡，海洋生态系统有改变之虞，农业将减产[①]。氯氟烃的生产和消费量之高主要集中在发达国家，1985年美国人均消费氯氟烃1.22公斤，日本人均消费水平达0.91公斤，日本氯氟烃年产值达4万亿日元。

（4）酸雨。随着工业化的发展，化石燃料的燃烧，向大气排出大量的硫氧化物和氮氧化物。这些气体与阳光、二氧化碳、氧和水分发生作用变成硫酸离子、硝酸离子，以它们为核心形成酸性很强的雨水，这就叫“酸雨”。酸雨对人类及其环境的影响是广泛的。酸雨降落到河流、湖泊中，引起鱼虾减产或绝迹；酸雨会导致土壤酸化，破坏土地的肥力而使土地贫瘠化；酸雨还危害着森林和其他植物的生长与发育。此外，酸雨还腐蚀建筑与文物等，据有关资料表明，酸雨地区的一些古迹特别是石刻、石雕或铜塑像在近十几年里的损坏超过了以往的上百年甚至上千年之功。[②]

酸雨的传输性放大了其危害性。往往一地排放的有害气体而在其他地区形成酸雨。第三世界国家的酸雨区很大程度上有西方发达资本主义的功劳。因此，酸雨的传输性促使人们认识到酸雨问题的解决必然是国际性的多方合作。

（5）水资源状况恶化。水是生命的源泉，也是工农业生产中十分重要的资源。地球上本来有丰富的水资源。据水文地理学家

---

① ［日］西川润：《实现“可持续发展”的条件》，《早稻田政治经济学杂志》1992年第311号。

② 参见高中华：《环境问题抉择论》，社会科学出版社2004年版，第8—9页。

的估算，地球上的水资源总量约为13.8亿立方公里，其中97.5%是海水（约13.45亿立方公里）。淡水只占2.5%，其中绝大部分为极地冰雪、高山冰川和地下水，适宜人类享用的仅为0.01%。

据世界卫生组织公布的数字，目前世界上有1亿多人无清洁水可用，每年死于缺水和卫生条件不佳的人达340万。英国一家叫“眼泪基金”的发展机构最新发表的一份报告预测，到2025年，世界上每3个人当中就有一个面临水危机，48个国家的近30亿人将面临水资源短缺。[①] 有一篇《拟上帝对人的最后谈话》的文章，以上帝的口吻告诫人类说：“你们就要消亡了，你们现在只有56亿人，可是供饮用的淡水已经很少了，而你们每年还在用500~1000立方千米的工业污水去污染它。到了21世纪中期，你们将有83亿人，那时你们产生的污水将达到3000立方千米，你们需用10份清水去稀释一份污水，这就要用掉地球上所有淡水的总和！因此，你们将要消亡。你们的友邻物种，正在以平均每天170种的速度灭绝着，灭绝到最后，就是人类的灭绝，因此，你们必将消亡。你们是个很糟糕的物种，糟糕在你们的聪明是自私的，你们甚至不具备起码的生物群体自卫本能……”

水将是21世纪最紧缺的资源。现在，全世界12亿人用水短缺，30亿人缺乏用水卫生设施，每年有300万到400万人死于和水有关的疾病，这些人绝大部分生活在发展中国家。到2025年，水危机将蔓延到48个国家，35亿人为水所困。水资源危机带来的生态系统恶化和生物多样性破坏，也将严重威胁人类生存。水资源危机影响着人类的健康，也威胁着世界和平。过去50年中，由水引发的冲突共507起，其中37起有暴力性质，21起演变为军事冲突。联合国公布的一份水资源报告指出，到本世纪中叶，

① 莫莎：《促进APEC框架下的环境合作》，载《世界经济研究》2002年第1期。

全球 60 多个国家的 70 亿人口将陷入水资源供应严重匮乏的困境。

陆地淡水资源主要来自降雨，由于地球水资源分布在时间和空间上不均衡，使得有的国家洪灾不断，有的却干旱无雨。世界上至少有 80 个国家属于干旱半干旱国家，约 40% 的世界人口受到同期性干旱的影响。大气变暖加剧了干旱的程度，而干旱使越来越多的人离开祖辈繁衍生息的地方，成为“环境难民”。

（6）全球森林锐减。在人类文明之初，全球森林面积达 80 亿公顷，森林的覆盖率达陆地面积的 2/3。到了 19 世纪初，全球还有森林 55 亿公顷。上个世纪 60 年代，下降为 36 亿公顷，90 年代减少为 26 亿公顷。现在全球的森林面积不到 20 亿公顷。据世界绿色和平组织估计，100 年来，全世界的原始森林有 80% 遭到破坏。

森林是地球的肺脏，它起着清洁空气的作用；它是地球气候的调节器，起着涵养水源的作用；它是人类的资源库，保存着大量物种的基因。森林的大面积破坏，使水土流失，气候恶化，物种减少。森林对人类和其他生物的作用是不可比拟的，它能产生维持地球生命体所需要的氧气，并对维护地球生命的碳、氧、氮循环起着关键性作用。

据联合国粮农组织于 2001 年 10 月 3 日发表的“2001 年世界森林状况”的报告指出，全球林业面积正以每年 0.4% 的速度锐减，年平均减少天然森林面积 1610 万公顷，其中非洲的森林覆盖率从上个世纪初的 60% 减少到目前的 10%，南美洲的热带雨林的 2/3 已经消失，50% 以上的亚马孙河流域原有的世界上最大的原始森林已被砍伐，东南亚的热带雨林也正在迅速消失。[①] 2002 年的联合国粮农组织调查发现，残存在东南亚、南美洲、

① 莫莎：《促进 APEC 框架下的环境合作》，载《世界经济研究》2002 年第 1 期。

非洲的热带森林，现在最多只有 9 亿公顷。在过去 50 多年中失去的森林面积，中南美洲为 37%，亚洲为 42%，非洲为 52%。

西方垄断资本的逻辑和盛行的消费方式对热带森林造成极大危害。如美国在中南美洲的热带森林区开辟牧场养牛以降低汉堡包用牛肉成本；西欧国家大量进口西非热带森林作高级棺木；日本人使用的卫生筷相当部分使用的是东南亚的热带木材。特别一提的是，作为世界最大的木材进口国日本对热带森林的破坏负有较大责任。日本，70 年代以前主要采菲律宾产木材，70 年代是印度尼西亚，80 年代是马来西亚，到 90 年代，马来西亚的森林资源行将枯竭。日本就这样不停地毁掉了一个又一个第三世界国家的森林资源，这种做法无异于掠夺。因此，有学者称：筷子、汉堡包和棺材，毁掉了热带森林。不过，第三世界国家落后的生产生活方式也是个中原因。

（7）生物多样性减少。生物多样性不仅为人类提供了可供研究和利用的资源，而且它是生态系统生命力和稳定性的基础。某一种生物的消失，会导致相关生命的厄运。人是生态系统中的一员，生物的减少会影响人类的安全。《联合国生物多样性公约》把生物多样性定义为："所有来源的形形色色的生物体，这些来源包括陆地、海洋和其他水生生态系统及其所构成的生态综合体；它包括物种内部、物种之间和生态系统的多样性。"

自工业革命以来，由于人口的急剧增加和人类对资源的不合理开发，加之环境污染等原因，地球上的各种生物及其生态系统受到了极大的冲击，生物多样性受到了严重的损害。据有关专家估计，1990~2020 年内，世界上每年至少有 5 万种生物物种遭到灭绝，平均每天灭绝的物种达 140 个。生物多样性的存在，对进化和保护生物圈的生命维持系统，具有不可替代的作用。

（8）有毒物质的污染与跨境迁移。世界上每年产生 3.38 亿吨的有毒废料。但是联合国环境计划署的专家们认为，这一数字被打了折扣，因为许多国家没有关于本国有毒废弃物数量的资料。

由于意识到在本土倾倒、掩埋有毒物质的灾难性后果，欧盟、日本和北美通过各种手段把这些危险性废物向第三世界国家转移。采取形式主要两种：一是以“直接投资”形式把污染企业搬到第三世界国家，这始于上世纪70年代、扩张于80年代。据报道，日本已经把2/3——4/5的重污染企业转移到东南亚或拉丁美洲；美国在第三世界投资于危害生态环境的企业占了其国外投资的39%。二是直接向第三世界输送有毒物质。1988年通过经济合作与发展组织的欧洲国家边界运出的有毒物质达250万吨，其中大约20—30万吨运到东欧国家。联合国环境规划署报道，欧美发达国家每年向北非与中美洲等第三世界国家输送的有害废物事件达2万至3万件。

据专家们认为，第三世界国家为了谋取外汇、获得国际援助、弥补国内资源不足或者偿还国际债务，近年来越来越成为西方工业发达国家的垃圾掩埋场。特别令人不安的是，把废弃的化学制品运到第三世界国家的“影子交易”越来越盛行。

这种越境转移极大地损害了第三世界国家的环境与发展，同时也使得全球环境问题复杂化和严重化。

(9) 核污染。核污染是在上个世纪中叶成功地制造了核武器之后才产生的。核污染包括战争核武器的利用与和平核技术的利用造成的污染。世界上有些掌握了核技术的国家不断地进行核试验，造成大量核污染。原子能的和平利用也有可能造成核污染，如1986年前苏联切尔诺贝利核电站的核泄漏。这次事故发生7年后，还有7000名清理人员死亡，其中1/3是自杀；参加救援的83.4万人中间，7万人成为残疾，30多万人受放射性伤害而死去；参加医疗救援的人士中，40%的人患了精神疾病，或永久性记忆受损。同时核废料的处理问题没有得到很好解决，也是造成核污染的重要原因。

利用从天然铀中提取供核武器装料或核反应堆核燃料用铀-235后的主要废料——铀-238，西方发达国家开发出了一种具有一定的放射性，对人体和环境都会造成严重危害的贫铀弹。贫铀弹以高密度、高强度、高韧性的贫铀合金做弹芯，爆炸时产生高温化学反应，用来摧毁坚固建筑物或攻击坦克等装甲目标。据称，美军在海湾战争中共发射了4200多枚贫铀弹，摧毁了伊军数百辆坦克。在1999年科索沃战争中，贫铀弹再次被大规模用于战场，以美国为首的北约向科索沃战场共发射了31000多枚贫铀弹。贫铀弹问题的严重性还不在于对现在的人们造成直接危害，而在于毒化大自然，留下长期危害人类的祸根。贫铀弹已使伊拉克和南斯拉夫的土壤所含辐射超出了正常值的500倍，对环境的危害可以持续4000年到5000年。[①] 贫铀弹的使用不仅在拿西方士兵的生命、更主要是在拿为数众多的第三世界国家人民的生命做军事科学试验，根本不计后果。如“海湾综合症”的患者既包括海湾人民，也包括联军士兵。

第二节 第三世界是一种社会历史关系

一、第三世界还存在吗

说到第三世界，就不能不论及毛泽东的“三个世界”理论。毛泽东基于对世界近代历史的整个进程的宏观分析，从全球的广阔联系中作出了世界可以划一为三这一科学的理论概括。毛泽东的这一理论是世界各国无论强弱、各民族无论大小一律平等的理论，是坚决反对压迫和剥削、实现第三世界人民解放和发展的理

① 参见《美军“战罪”大曝光》，载香港《东方日报》2001年1月6日。

论，是促进世界人民团结与和睦相处、共同发展的理论。它的历史渊源，深深地植根于资本主义出现以后世界发展的客观进程；思想渊源则来自马克思关于资本主义开创全球的联系和交往，历史正在向世界历史转变的论断，来自列宁关于资本主义发展到帝国主义阶段、全世界无产阶级和被压迫民族联合起来的论断。[①]

苏联的解体、东欧的剧变，使得“第三世界”概念跟第三世界本身一样一落千丈。随着西方全球化的新一轮推进，一国独强的美国更是在全球思想界颐指气使。在美国资产阶级御用学者弗朗西斯·福山的“历史终结论”的鼓吹下，借着苏东社会主义的变色易帜之东风，西方文人政客大肆贬低第三世界，甚至否定第三世界的存在，说什么“第三世界已不复存在”，剩下的只是一些被新的全球化历史进程“淘汰出来的人”、是“人类中派不上用场的残物”或“垃圾堆”。[②] 说什么“第三世界这个术语原先反映的是，全世界划分为第一世界、第二世界，其余全是第三世界。瞧，共产主义集团的破灭，使得这种地理算术已不复存在。”[③] 美国《外交政策》1995 年春季号的一篇文章直呼“世界经济在战后分为第一世界、第二世界和第三世界的状况结束了。不仅共产主义制度崩溃了，而且数十年来在第三世界盛行的由国家领导发展的其他意识形态也已名誉扫地。”[④] 其他即使承认第三世界存在的西方观点，也完全是立足于西方政治经济发展需要的立场。

第三世界真的不存在了吗？世界就不需要它们了吗？美国

---

① 参见马也：《历史是谁的朋友》，中央民族大学出版社 2003 年版，第 276—277 页。

② 这些说法散见于由戈尔巴乔夫、勃兰特等著：《未来的社会主义》，中央编译局出版社 1994 年版。

③ 《第三世界完了》，载美国《华盛顿邮报》1990 年 7 月 18 日。

④ 见《加强资本主义》，载美国《外交政策》1995 年春季号。

《国际安全》1992—1993年冬季号一篇题为《为什么第三世界依然十分重要》的文章不就是一个极好的回答吗？文章说："使非殖民化过程颠倒过来，恢复古老的帝国价值观，甚至倒退到白人统治的旧制度"①，对第三世界再来一个"重新殖民化"，这就是西方资本主义还需要第三世界的理直气壮的理由。不过，西方这样极力诋毁的目的，无非就是想把第三世界重新拉回到前第三世界状态，以作为他们发展的"对象"、"客体"。他们认为，现实第三世界国家已经无力自己进行治理，而需要西方人来帮助治理，"缺乏有效的政府管理和缺乏先进的技术知识"的第三世界国家只有依赖于、附庸于西方全球化，才能混有一个发展的机会。

历史已经告诉人们：第三世界还是第三世界，而且更加和越来越第三世界。

历史将还会告诉人们：第三世界历史之黑暗的隧道不会漫无边际，黑到极致便是光明——这就是历史的辩证法，谁也改变不了！

二、第三世界是一种社会历史关系

第三世界，不是历史上和今天被如此称呼的那些国家与地区的内在现象、或者它们按照自己道路发展的必然结果，不是那里人民的选择和创造，而是世界资本主义扩张的产物。没有西方全球化、没有西方资产阶级在世界的奔走和用他们需要的面貌改造世界，就不会产生第三世界。《共产党宣言》对此有过最早的表述：由于资本主义时代所带来的"生产的不断变革，一切社会状况不停的动荡，永远的不安定和变动"驱使着资产阶级疲于奔走

---

① 《为什么第三世界依然十分重要》，载美国《国际安全》1992—1993年冬季号。

于全球各地，以到处开发和建立联系。于是，世界市场的资产阶级开拓使一切国家的生产和消费都成了世界性的，资本主义“工业所加工的，已经不是本地的原料，而是来自极其遥远的地区的原料；它们的产品不仅供本国消费，而且同时供世界各地消费”；于是，一切生产工具和交通工具的迅速改进，使资产阶级利用其商品的低廉价格和交通的极其便利来摧毁一切万里长城、征服野蛮人最顽强的仇外心理防线，并“迫使一切民族——如果它们不想灭亡的话——采用资产阶级的生产方式”；“迫使它们在自己那里推行所谓的文明，即变成资产者。一句话，它按照自己的面貌为自己创造出一个世界”——一个确定了“殖民地国家”（即作者所指的第三世界）在西方全球化体系中的奴隶地位的世界。①

在看待第三世界时，必须把它放在国际联系和世界历史运动的整体进程中来观察，把它视为西方全球化过程中的一个重要环节来分析。只有这样，我们才能科学、合理、公正地来研究第三世界发展。

当前，国内外学者多数情况下混用了“第三世界、发展中国家、欠发达国家、不发达国家、南方世界、非工业化国家”这些术语。这要么是他们没有认真区分这些概念的内涵，要么是他们基于不同的目的或不同的意识形态作出的如此理解。中国学者李琮在《第三世界论》一书中，把第三世界定义为：“挣脱殖民统治后获得独立的发展中国家的总体”，我最推崇的是《历史是谁的朋友》一书中作者给出的定义：“第三世界”这个概念反映的既不是某些仿佛命该如此的国家或地区，也不是一组统计数字，而是一种关系，一种不同地区之间、不同国家之间、不同民族之间，包括经济、政治和思想文化广泛方面的富裕对贫穷、强者对

① 马克思恩格斯：《共产党宣言》，《马克思恩格斯选集》第 1 卷，人民出版社 1995 年版，第 275 页、第 276 页、第 277 页。

弱者进行控制、支配、压迫与剥削的关系。

处在这种社会关系中的第三世界国家是在政治上取得独立的国家，其前身基本上都是西方发达国家的殖民地。前“第三世界”曾经就是为西方提供廉价劳动力、广阔市场、丰富资源并严重依附于发达资本主义的附庸国；获得民族解放与独立的第三世界，在美苏对峙和争霸的背景下，曾经一度被“姓社姓资”的简单政治公式来进行划分，并被美苏争相拉拢、收买。它们获得一定程度的发展，但一算总账，多数国家付出远超过所得，它们依然没有彻底摆脱这种社会历史关系。究其原因，世界经济发展史尤其是近代经济史会告诉大家：在广大第三世界国家摆脱殖民统治、走上独立自主的民族解放道路后，美国等发达资本主义国家由于冷战的原因，允许并帮助这些国家发展一定程度的资本主义，但决不允许这些国家成为发达资本主义而使自己失去“永续发展”的源泉。苏东剧变推动的新一轮西方全球化，加剧了当前西方和第三世界国家之间的空前广泛而深刻的两极分化。第三世界的每一个国家的发展、发展的程度以及发展的状况都是历史的、具体的，这些国家之所以落入第三世界，都同西方资本主义国家发生过这样或那样的悲剧性联系，包括第三世界国家发展所必须依赖的自然环境的状况，也受到西方资本主义国家的左右。因此，从某种意义上讲，正是这次西方全球化，把第三世界国家更深层次、全方位、堂而皇之地“镶嵌”进了这种社会历史关系之中。

总之，第三世界在西方全球化的最初阶段就已经出现，今天的西方全球化和第三世界正是它们几百年来发展的继续。东欧地区最早沦为第三世界，接着是美洲、非洲和亚洲。19 世纪后期，垄断资本主义控制世界，形成全球霸权，发达的西方世界和不发达的第三世界的全球格局最后完成。社会主义由理论变为实践、由运动到制度、由一国到多国的确立给整个第三世界带来了福音，促进了它们的民族民主解放运动，直接或间接地帮助它们摆脱了西方的殖民统治。由于西方垄断资本的全球体系并没有彻底打破，生产资料的私有制并没有随民族独立运动之秋风被扫进“历史坟墓”，第三世界还是第三世界。第三世界之所以成为第三世界，原因在于生产资料的资本主义私有制，在于资本主义全球化。第三世界国家要成为自己真正的主人，就要彻底逆转西方的这种全球化，废除这种所有制。第三世界历史运动本身会给第三世界国家人民一个满意的答复。

第三节 第三世界发展的环境困境

一、发展的基本思想

发展是人类社会历史的永恒主题，也是一种动态的社会历史现象。何谓发展，以及发展的道路、战略、模式、方针和政策，在不同时代、不同国家、不同经济政治和文化历史环境中，有不同的形成背景、不同的内涵，因而也有不同的结果。所谓发展，是指人类为提高生活质量及满足人类的基本需求，而与自然、社会发生作用，并最充分、最合规律地利用必需的人力、经济和自然资源的行为——一种会使自然及社会的环境发生改变的行为，这种“环境的改变和人的活动或自我改变的一致，只能被看作是并合理地理解为革命的实践。”①

经济发展固然不是发展的全部内涵，却是发展的核心，因为经济发展是一切发展的基础。经济不是发展的单一元素，而是其中的一个横断面。发展是一个包括经济、社会、文化、环境各种

---

① 马克思：《关于费尔巴哈的提纲》，《马克思恩格斯选集》第1卷，人民出版社1995年版，第55页。

相互依存、相互影响、相互制约的因子所组成的有规律的、螺旋式上升的、时刻内含着部分质变的世界运动过程。正如列宁所说："发展似乎是重复以往的阶段，但它是以另一种方式重复，是在更高基础上的重复（'否定的否定'），发展是按所谓螺旋式，而不是按直线式进行的；发展是飞跃式的、剧变式的、革命的；'渐进过程的中断'；量转化为质；发展的内因来自对某一物体、或在某一现象范围内或某个社会内发生作用的各种力量和趋势的矛盾或冲突；每种现象的一切方面（而历史在不断揭示出新的方面）互相依存，极其密切而不可分割地联系在一起，这种联系形成统一的、有规律的世界运动过程，——这就是辩证法这一内容更丰富的（比通常的相比）发展学说的若干特征。"①

发展是一种洋溢着历史辩证法活力的社会进步过程，发展的核心价值就是最广大人民群众的根本利益的实现。一个国家的发展问题是个复杂的综合体，它包括经济、政治、文化和社会方面的发展，生产力和生产关系方面的发展，经济基础和上层建筑方面的发展，城乡发展、区域发展、经济社会发展、人与自然发展、国内发展和对外开放，经济发展和人口、资源、环境等。这些问题都不是彼此孤立、分散地存在，而是在相互联系和协调中行进。

既然发展是一个包括社会各方面因素的系统的、综合的进步过程，那么，我们就不应该把发展放在个别指数百分比的增长上面，譬如片面追求 GDP。由于发展的基础、目的和根本动力全在于一个国家的人民群众，全在于人类的绝大多数，所以，发展就不能不关注生产关系和上层建筑的革新，不能不关注自然界的承载力、尊重自然规律和促进自然界的良性循环发展。

① 列宁：《卡尔·马克思》，《列宁选集》第2卷，人民出版社1995年版，第423页。

社会主义从空想到科学、从理论到实践、从运动到制度、从一国到多国，为第三世界国家相继摆脱殖民统治、获得政治经济上的独立地位，在新的历史条件下开辟了一个全新的历史发展方向。

在作为社会历史现象的动态发展进程中，“以前的一切现实的东西都会成为不现实的，都会丧失自己的必然性、自己存在的权利、自己的合理性；一种新的、富有生命力的现实的东西就会代替正在衰亡的现实的东西，——如果旧的东西足够理智，不加抵抗即行死亡，那就和平地代替；如果旧的东西抵抗这种必然性，那就通过暴力来代替”①。在目前的全球格局下，第三世界“发展”所带来的财富日益被少数国家、少数集团和少数阶层所独享，发展的主体——第三世界人民却所得甚少，甚至成为了“发展”的牺牲品。如，第三世界国家比西方国家承受着更多的自然环境灾害，第三世界国家与西方国家的两极分化日益严重。

第三世界人民以及人类的绝大多数最终会运用自己的智慧，通过劳动实践、革命实践，按照自然生态规律、社会发展规律，以一种最适合、最无愧于自然和社会的生产方式，建设一个“人与自然和解”、“人与人本身和解”的“联合体”。这就是历史发展的真正价值指向。

二、第三世界发展的环境困境

制约第三世界发展的环境问题，包括自然环境问题和社会环境问题。

就自然环境问题而言，有地理环境的先天性问题和西方全球扩张造成的后天性问题。

---

① 恩格斯：《路德维希·费尔巴哈和德国古典哲学的终结》，《马克思恩格斯选集》第4卷，人民出版社1995年版，第216—217页。

上帝对第三世界似乎也不太公平。好像老天偏爱把第三世界与自然环境的不如意联系在一起。

我们只要打开地图，地图的颜色有时会无声地告诉我们这一切。英国记者保罗·哈里森在其《第三世界——苦难、曲折、希望》一书中，对此作了详尽描写。[①]

在降雨的示意图上，第三世界占了几乎所有涂有深蓝色和紫色的地区（年降雨量1000毫米以下）以及大部分深褐色地区(年降雪量250毫米以下)。在气温的示意图上，这些国家多数处于涂有红色的地区（年平均气温超过20℃)。除了美国和澳大利亚的沙漠地带，所有发达和比较发达的国家，都处在这类令人不快的颜色之外。一般地说，地球接受和向太空反射回去的太阳能大体保持平衡。但是北纬37度和南纬37度之间的热带地区则辐射大量过剩。穷国为人类生活在太阳照射的最前线，为人类付出了相当巨大的代价：炎热加快了生命的活动，有害于人类的生命形式的大量繁殖；炎热还直接影响到人的生产率。欧洲和美国的研究表明，当气温上升到35度时，体力劳动者的生产率就会下降一半之多，而这种气温在热带却是司空见惯的。也许，人们会想到生机勃勃的热带雨林，想到它的粗枝大叶、浓密树阴和丰富的腐殖质，想到它为人类以狩猎和采集方式自下而上提供的种种便利。但是只要一开始清除森林和进行农业生产特别是工业生产，大自然的恩惠就顿然消失。大地升温，土壤结构恶化，种种虫类、微生物和细菌快速繁衍滋生，旋风一样传染疾病、吞食人类创造物。

在西欧和北美东部，不同年份、一年中的不同月份降雨量相差不大。纽约降雨量最多的月份比最少的月份只多50%，在丘

① 参见［英］保罗·哈里森著，钟菲译：《第三世界——苦难、曲折、希望》，新华出版社1984年版，第4—14页。

卡丹（伦敦一地区）多 1 倍，柏林多 1.5 倍。在第三世界国家，亚马孙河、刚果河和东南亚岛屿等热带地区雨水过多，两侧又为雨水过少的干旱半干旱地区。一些大河河谷和三角洲地带，比如恒河河谷、湄公河三角洲、尼罗河谷曾经形成人类早期伟大文明的基础。但是密集的人口却经过漫长的历史演进抵消了这种好处。大自然仿佛专门同这里的人为难，要么雨泻如注，翻江倒海，要么阳光把一切烤得冒烟。尼日利亚北部年降雨量 90% 以上以每小时 25 毫米的暴雨形式倾盆而下，即为丘卡丹月平均降雨量的一半。加纳则每小时降雨量 200 毫米，即为丘卡丹月平均降雨量的 4 倍。德里年降雨量和丘卡丹差不多，但 11 月只 10 毫米，7 月和 8 月却超过 170 毫米。加尔各答 8 月的降雨量为 12 月的 32 倍。在尼日利亚一个叫宗格鲁的地方，一年中降雨量最多的月比最少的月竟多 53 倍。土壤无法吸收和保蓄水分。具有破坏性的狂暴的大雨转瞬之间冲走了土壤中的养分和宝贵的矿物质，留下无法溶解的铅氧化物和铁氧化物，以铁锈色作为被烈日和暴雨轮番劫掠的标志。虽然飓风、地震和火山也偶尔光顾美国东南部、澳大利亚东海岸和日本，但飓风几乎年年形成于和扫荡着北纬度 8 度～15 度和南纬 8 度～15 度的广大不发达地区。拉丁美洲的火山地带经太平洋岛屿一直延伸到喜马拉雅山南缘和土耳其。保罗·哈里森还对世界性大灾害做了一点统计。1961～1974 年，仅水灾、飓风、暴雨就在亚洲造成 300 亿美元的损失。1975～1976 年，四次大灾害都发生在亚洲和拉丁美洲。

1994 年夏季，据中国一家不大引起高层次知识界读者注意的小报——《生活报》报道出一条同样不大引起注意或者至多只是作为乘凉时的谈资的消息：世界上降雨最不平均的地方，是南美智利的卡拉马。这个地方从 1572 年到 1972 年的 400 年间滴雨未下，而在这之前和之后，下雨又总是造成灾害。在某种意义上，这则消息告诉人们的，这恰恰是几乎整个第三世界可以说是命中注定不幸的一种表征。

任何国家和民族的发展都离不开一定的自然条件。关于非洲和亚洲的第三世界国家的不发达，西方学者和官方的主要理论是：这些国家和地区在本质上就比其他国家和地区低劣。第三世界国家的恶劣环境确实阻碍那里的发展。几乎所有不发达国家都位于热带和亚热带，几乎所有发达国家都位于温带。第三世界的落后当然不是一种简单的历史巧合。然而，自然条件是造成发达国家和不发达国家发展差异的一个重要的初始条件。但这不是决定条件，决定条件是西方全球化。

第三世界不仅承受着上述“天文秩序”先天性不公正，还被迫承受着西方全球化所造成的后天性环境问题。西方资本主义的全球扩张，把世界带进一个前所未有的经济高速发展的崭新时代，给人类特别是第三世界带来了史无前例的“生态赤字”和“环境透支”。人口膨胀、失业严重、环境污染、生态破坏、贫富差距过大等生态危机正呈现出与日俱增、难以扼制的发展趋势。它不仅给地球的生态系统带来巨大的压力，而且给许多民族国家的有序运行带来日益剧烈的震荡和不安。已经有越来越多的事例在证明，人口、资源、环境、人均分配不均等问题，不仅直接或间接地导致了国家政治的严重动荡，而且还引起或加剧国与国之间、民族与民族之间严重的武装对立与冲突。非洲大陆和中东地区围绕着日益短缺的土地资源、矿产资源以及淡水资源而发生的武装对立和冲突数不胜数。正是这些持续不断的冲突和战争，使第三世界国家和地区陷入了“有增长无发展”、“有发展无稳定”的尴尬境地，阻碍着第三世界发展。

第三世界国家，政治上独立，经济上并没有真正独立。经济上严重依赖西方发达国家。在资本主义世界体系中，第三世界面临的主要问题是生存，然后才是发展。

为了生存，第三世界不惜牺牲自己的资源环境。为了发展，第三世界又陷入西方主导的发展陷阱中，走上一条经济增长——资源破坏——环境恶化的发展路子。这些第三世界国家不是“从研究他们自己的需要和问题中刷新发展思路”，而是依葫芦画瓢照搬西方发展观，“融入”资本主义世界体系而越来越依赖西方。这些国家取得的经济增长，是以不断扩大的国内国际的贫富两极分化为代价，以社会平等、教育、文化、就业、劳动者社会福利等方面的倒退以及国家主权与民族优秀传统的削弱为代价，以有效耕地的不断减少、沙漠化的扩大、森林面积的锐减、水资源状况的恶化、空气质量的下降以及因这些因素导致的自然灾害的频发为代价。这些“代价”成为阻碍第三世界发展的深层隐患。这是哪门子的发展？这是一种饮鸩止渴的“发展”，或者说是“反发展”。

第三世界一旦想摆脱西方垄断资本的束缚，就会遭到严厉的制裁。美国《前卫》周刊驻联合国记者马丁·尼古拉斯在一篇题为《穷国同富国对抗：第三世界在联合国讲坛上要求正义》的评论中一针见血地道出一个真谛：“今天，国际关系受到解放力量同居于统治地位和从事剥削的大国之间的多种形式的、世界范围的对抗的支配，事实上，每当这些大国的特权遭到否认时，它们就重新对新近获得的独立施加威胁。”[①] 西方国家的持续发展，需要第三世界的资源、环境、市场。它们不愿第三世界成为自己命运和国家资源的主人，不想让第三世界强大成为自己的竞争对手。它们利用经济、科技和管理上的优势，想方设法在第三世界国家制造困难、不和与分裂，削弱各国的民族团结，破坏他们为摆脱不发达、贫困、疾病、无知而进行的巨大努力。

第三世界发展，由于资源耗费和环境破坏而越来越陷入无法

① 马丁·尼古拉斯：《穷国同富国对抗：第三世界在联合国讲坛上要求正义》，美国《前卫》周刊1974年4月24日。

摆脱的处境。发展理论学者 H. 格雷莱 1955 年发表在《科学》杂志的一篇文章中已经在说："世界生了癌，这癌就是人。"拉美的矿工们在通俗的俚语中说出了显示深刻辩证法思想的真理："我们吃矿，矿吃我们。"德国《明镜》周刊 1992 年 4 月 20 日的《生存问题》一文写道："世界将毁灭于环境污染。"美国前总统卡特，为保护发展中国家环境筹措资金的会议上致开幕词，带着非常复杂的心情承认，美国和其他富国是世界环境灾难的主要根源。他说："我认为，说得确切些，世界环境中的大多数问题是富国造成的，它们是日本、美国、欧洲和其他国家，富国不应就我们大家都面临的环境问题对穷国进行谴责"。[①] 在世界环境与发展大会上，人们竞相谈论由于污染而使世界每天有 45 ~ 270 个物种灭绝，卡斯特罗那个占时间最短而博得掌声最多的讲话中有一句话简直警世骇俗："有一个重要的物种正在临近消失，这就是人类!"在这里大家谈论的世界，其实主要就是指第三世界。

制约第三世界发展的后天性环境问题的解决，就是要消灭资本主义生产方式，逆转西方全球化进程，以消除两者之间压迫、剥削和被压迫、被剥削的关系，使第一世界不再作为第一世界存在，第三世界不再作为第三世界存在。如果仅仅就自然环境论环境问题，来个"头痛医头，脚痛医脚"，根本解决不了环境问题给第三世界国家带来的困境。要彻底解决它，就必须先从社会环境入手、从人与人的关系入手，首先建立一种公正的国际经济政治新秩序，进而在全球建立一种符合人类绝大多数的先进社会制度。

① 合众国际社东京 1992 年 4 月 15 日电。

第二章　西方全球化与环境问题

每个时代都有它的重大问题，解决这些问题就等于把人类社会向前推进了一步。环境问题是资本主义时代的一个危及全人类的重大问题。

解决问题，必须明确问题产生的根源。对于环境问题的形成根源，大家基于不同角度、不同立场，得出的结论可谓见仁见智，众说纷纭。

环境问题的产生是基于一系列的矛盾。抓住其主要矛盾或者矛盾的主要方面，才能科学地揭示它的根源，进而找出解决它的有效途径。无疑，经济发展模式、思想观念、认识能力和科学技术的负面作用，都是环境问题产生的主要原因。但最根本的原因是资本主义私有制和生产方式在全球范围内的扩张。从历史发展来看，“炸毁”封建所有制关系、把民族的历史逐步转变为“世界历史”的西方全球化，造就今天的第三世界，也引发了近现代的全球环境问题。

第一节　资本主义生产方式和环境问题

一、资本主义生产方式与环境问题的内在必然联系

人类通过一定的生产方式改造自然，获得物质生活资料。这就是说，作为生产力与生产关系统一体的生产方式是人类社会与自然环境相互连接、相互交换物质和能量的纽带。

资本主义生产方式与环境问题有着必然的联系。西欧封建社

会的灭亡解放和发展了资本主义生产力，促进资本主义生产关系的确立。资产阶级，依赖于工业革命带来的大工业的建立，到处发展联系、开拓世界市场，把资本主义生产方式扩展到全球，并最终建立资本主义体系。资本家不把使用价值看作直接目的，“他的目的也不是取得一次利润，而是谋得利润的无休止的运动”①，这就势必造成生产无限性、无政府性和地球有限性矛盾的全球扩展。

资本的逻辑在于利润，环境不在其逻辑内。资本主义生产方式在不断吞噬它自己以及全人类赖以生存的环境基础。追求利润最大化和资本的私人积累是资本主义存在的前提，“资本家害怕没有利润或利润太少，就像自然界害怕真空一样。一旦有适当的利润，资本就大胆起来。如果有10%的利润，它就保证到处被使用；有20%的利润，它就活跃起来；有50%的利润，它就铤而走险；为了100%的利润，它就敢践踏一切人间法律；有300%的利润，它就敢犯任何罪行，甚至冒绞死的危险。”② 这就决定了资本或资本家与自然环境的对立，决定了资本或资本家将自然看成是掠夺和获取利润的直接对象。

资本家为了不断地增加资本利润率，利用科学技术，不停地对自然资源进行过度的、不计后果的掠夺与开发。从资本主义市场法则来看，资本主义生产讲究的是“成本外在化”。他们将环境成本转嫁给社会、转嫁给第三世界，甚至转嫁给子孙后代。因此，资本主义把生产首先看作是对人的全面剥削和对自然的全面掠夺，而不考虑社会的对立、资源的耗费和环境的破坏。

建立在私有制和市场自由竞争基础上的资本主义社会体系，已经和自然环境产生了严重的冲突。资本家追求利润的欲望是无

① 马克思：《资本论》第一卷，人民出版社2004年第2版，第178—179页。
② 马克思：《资本论》第一卷，人民出版社2004年第2版，第871页（注250）。

止境的，不断扩大再生产是实现其欲望的前提。物质生产需要消耗资源和排放污染物，生产的不断扩大，就意味着需要消耗更多的资源，排放出更多的污染物。然而，地球上可供人类生产生活的不可再生资源是有限的；地球上可再生资源的再生率也是有限的；自然环境对污染的承受力也是有限的。我们现在多消耗不可再生资源，就意味着我们的后代将要少消耗一定量的资源；西方发达国家消耗更多的资源，就意味着第三世界国家就要少消耗很多资源。如果我们现在对可再生资源的过度开发超过了其再生速率，就意味着这类资源渐将枯竭；如果我们对自然环境的污染超过了其可承受能力，就意味着它将遭受到永久性毁灭。

资本主义生产方式的全球扩张，把世界日益分裂为对立的西方国家与第三世界，把地球环境破坏得不堪支撑人类的生存与发展。资本主义生产方式下的异化劳动、异化消费导致自然的异化，导致环境问题的恶化。

二、异化劳动、异化自然、异化消费与环境问题

“异化”一词源于德文“Entfremdung”，是一个德国古典哲学命题，意思是在一定历史条件下，把自己的素质或力量转化为跟自己对立、支配自己的素质或力量的一个既过程也结果的概念。黑格尔、费尔巴哈分别从唯心主义和唯物主义立场出发，都对“异化”作出了一定的解释。马克思、恩格斯则在黑格尔、费尔巴哈的异化思想基础上，重点提出了“劳动异化”的概念，赋予异化以全新的含义。马克思认为，私有制是异化劳动的产物。到资本主义这一私有制的最高阶段，异化劳动变得了如此深刻而普遍。在资本主义私有制度下，贪欲的资本导致了劳动的全面异化。在雇佣劳动制度下，劳动者生产的东西越多，他能够占有的东西就越少，而且越受自己的产品即资本的统治。自然界在给劳动提供生产资料，同时也给劳动者提供生活资料。但在异化劳动

之下，劳动工人越是不断地通过劳动去生产越多的产品，就必然要有越多的自然环境资源参与，那么自然界就越来越不成为属于他的劳动对象，不给他的劳动提供生产资料，越来越不给他提供直接意义上的生活资料。这样，自然界就被“资本化”了，而资本化的自然完全服务于资本对剩余价值的追求，资本对剩余价值的绝对追求必然无视自然环境的保护。

资本在异化劳动的同时也在异化自然。异化劳动夺走了劳动工人生产的对象，夺走了他们的无机的身体即自然界①。劳动“不是活的和活动的人同他们与自然界进行物质交换的自然无机条件之间的统一，以及他们因此对自然界的占有，而是人类存在的这些无机条件同这种活动的存在之间的分离，这种分离，只是在雇佣劳动与资本的关系中才得到完全的发展”。②

法兰克福学派著名代表马尔库塞指出：资本主义生产方式在压抑人的同时也在压抑自然，与人的异化同步的是自然的异化，因为在资本主义社会，“对人的统治要借助于对自然的统治”，“越来越有效地被控制的自然已经成了扩大对人的控制的一个因素：成了社会及其政权的一个伸长了的胳膊。商业化的、受污染的、军事化的自然不仅从生态的意义上，而且从生存的意义上缩小了人的生活世界。它妨碍着人对他的环境的受欲式的占有和改变，它使人不可能在自然中重新发现自己”。③

自然生态环境就像劳动力一样，在资本的眼里只不过是商品或商品化的资本。美国生态马克思主义学者詹姆斯·奥康纳在

① 马克思：《1844年经济学哲学手稿》，《马克思恩格斯选集》第1卷，人民出版社1995年版，第47页。

② 马克思：《经济学手稿》（1857—1858年），《马克思恩格斯全集》第46卷（上），人民出版社1979年版，第488页。

③ 【美】马尔库塞著，任立编译：《工业社会和新左派》，商务印书馆1982年版，第128页。

《自然的理由》一书中对此作出了中肯的看法。他说，自然界是资本的出发之点，但往往并不是其归宿之点；自然界对资本主义经济而言，既是一个水龙头，又是一个污水池；作为水龙头已经或多或少地被资本化了，作为污水池则或多或少地被非资本化了。意思是说，水龙头成了私人财产，污水池则成了公共之物。自然环境的资本化就意味着更多的环境资源将随着西方垄断资本进入全球范围内的资本主义生产系统，意味着全球环境的更大破坏。

资本主义创造了了不起的生产力，它固有的基本矛盾却导致了严重的环境问题。由于资本主义“强调人对自然的对象化改造而忽略了自然对人的非对象化生成，使人与自然的双向作用过程单向化、片面化；同时，资本主义又使劳动对象化服从于异化，成为盲目地驾驭人的力量”，因此，在资本主义制度下，人与自然的关系在自然成就意义上显得越广泛越丰富，在社会意义上就显得越片面越贫乏。

为了把广大劳工和第三世界牢牢地拴在其发展的轨道中，全球扩张的资本在不断地异化劳动和自然的过程中，还造成人们的消费异化。没有异化的消费，资本的积累就可能中断。

在资本主义社会，消费往往背离需求。人们的消费在很大程度上已不是为满足自己生存发展的需要，而是为体现自己的存在和价值，不是为了人类的可持续发展，而是仅仅为了实现资本的利润。正如西方经济学家T. 凡勃仑（Voblem）所说，一个人要使他日常生活中遇到的那些漠不关心的观察者对他的金钱力量留下印象，唯一可行的办法是不断显示他的支付能力。资本家要实现自己获得最大利润的目的，就必须把生产出来的东西让人们完全消费，否则，利润的获得便无从谈起。追求剩余价值或利润的一切经济活动使生产和经营的目的与消费者的需求发生了背离。

在资本那里，利润是上帝。一方面，经济的增长在制造贫富两极分化和破坏生态环境，而环境灾难的主要承受者又是贫困的一极；另一方面，经济的增长又需要一种无限消费作支撑。为了达到目的，资本家通过广告宣传，不断地创造出新的“消费时尚”，诱导消费者接受他们自己当前并不真正需要的消费品，使得消费者按着资本家设计的消费方式和消费对象进行自己的消费活动，从而形成异化消费。消费异化对我们赖以生存的自然环境造成了相当大的危害，并且使得全世界的穷人们更难以维持基本的生活。富人们过着奢侈的物质生活，穷人们却无力满足自己基本的生活需要。当富人们每年花费350亿美元购买瓶装水时，全世界却有五分之一的人缺少饮用水。今天，最富有的人群使用的能源是最贫穷人群的26倍。汽车和其他交通工具将要消耗掉全球近30%的能源和95%的石油。[①]

随着资本主义生产与需要、消费与需求的不断背离，消费已不再是满足需要的手段，而是成了满足资本家获得利润的途径，成了刺激经济增长的工具。这种背离，使得消费突破人的需要的有限性而获得了无限扩张的趋势，从而造成大量的无意义消费和有害消费，结果导致有限资源的大量浪费和环境的不断恶化。

三、资本主义自由市场经济与环境问题

不管是在自由还是垄断资本主义时期，资产阶级都崇尚市场这只“看不见之手”。市场的核心就是竞争，竞争是资本主义社会发展的内在动力。原则上，竞争是在资本主义法律、道德规范下的利益争夺，是在广阔的社会生活诸领域以多种形式展开的生存和发展条件的争夺。实际上，这是“物竞天择，适者生存”的生物进化规律在社会领域的特殊表现。在关系到生死存亡和切身

① 《更富有，更肥胖，但并非更幸福》，乌拉圭《南方杂志》2004年双月刊5—6月号。

利益的竞争压力下，竞争者往往会践踏道德与法律，不惜牺牲他人、大众、后代的利益，以获取自己的蝇头小利或赢得眼前竞争的胜利。

市场自由化只不过是资本向全球扩张的一句响亮口号。大家都知道，资本主义的任何发展都得满足以下几个条件：资本、资源、劳动力、转嫁经济危机和污染物的地方。这就是一个市场的问题，一个世界市场的拥有问题。为了开拓这个市场，西方资本劳师远征亚非拉第三世界国家，其间灭绝土著、捕获和贩卖黑奴、破坏和劫掠资源，任其性子地在第三世界胡作非为。完了，就告之要全面开放市场，以进入“全球化进程”中去获取自己发展的机遇。

市场真的这样万能吗？在私有制的最高阶段的资本主义社会，市场调节的是私人利益而不是公共利益，是局部利益而不是全局利益，是眼前利益而不是长远利益。正是资本主义制度下的市场，把西方资本和技术“合理”地“配置”到广大亚非拉第三世界国家，才引发了各种各样的生态环境问题与发展滞后问题。资本主义市场机制不仅解决不了最紧迫的生态环境问题，反而随着自身的发展，进一步使这个问题恶化。因为，资本主义市场机制在对资源的利用和环境的保护上存在以下缺陷：第一，导致极大的不平等。世界上几个发达资本主义国家凭借竞争优势，掠夺和消耗了地球上绝大多数能源和矿产资源。第二，导致浪费和破坏资源现象严重。资本主义生产的社会化与生产资料的资本家私人占有之间的矛盾、社会生产的无政府主义与个别企业生产的有计划性组织性之间的矛盾往往导致市场的失灵，进而造成盲目发展，浪费地球上有限的宝贵资源。从另一个角度讲，社会的无序生产使得竞争者争资源、争市场的矛盾激化，甚至引发战争。而战争对资源是一种浪费，对环境是一种破坏。第三，导致市场主体的利益短视行为。资本主义市场调节作用下的生产者和消费者，在开发利用资源和环境保护上患有“短视症”：生产者只管眼前的利润，消费者只管目前的享受。至于资源用完了，人类怎么办？这不是他们当前所关心的问题。第四，导致环境保护上的“搭便车现象”。在资本主义市场机制下，作为公共物品的自然环境，谁都可以污染，污染了也可以不承担相应责任。从资本主义发展史来看，作为市场经济最发达、最有优势的美国，它给人类带来的污染最多，危害最大。据统计，占世界总人口4.5%的美国的二氧化碳排放量占世界排放总量的25%，每年排放二氧化碳约为52.3亿吨。[①] 如果世界各国都像美国那样，地球生态系统的平衡还能维持吗？

总之，资本主义市场经济只会加速资源的消耗、环境的破坏，把人类推向生存与发展危机的边缘。

第二节 资本积累与环境问题

马克思认为，资本的发展存在着特定的逻辑前提。“资本积累以剩余价值为前提，剩余价值以资本主义生产为前提，而资本主义生产又以商品生产者握有较大量的资本和劳动为前提”。“在资本主义积累之前有一种‘原始积累’，这种积累不是资本主义生产方式的结果，而是它的起点。”“所谓原始积累只不过是生产者和生产资料分离的历史过程。这个过程所以表现为‘原始的’，因为它形成资本及与之相适应的生产方式的前史。”[②]

① 《更富有，更肥胖，但并非更幸福》，乌拉圭《南方杂志》2004年双月刊5—6月号。

② 马克思：《资本论》（第一卷），《马克思恩格斯全集》第44卷，人民出版社2001年第2版，第820—822页。

劳动只有和自然界结合在一起，才是一切财富的源泉。自然界为劳动提供生产材料，劳动再把这些材料转变为财富。资本的积累过程，说到底就是，一个不断把劳动者、劳动、自然界相分离并资本化的过程。

关于资本主义的资本积累损害或破坏了人类赖以生存的自然生态环境的例子，是不胜枚举，没有人作出过具体的统计。至于为了弥补那些遭到破坏或已经失去的生态环境、为了修复这些环境以及发展出相关的替代品，所需的总费用到底要多少，恐怕也没有人统计过，其中又有多少真正地落在了资本的头上，多少真正地落在了穷人的头上，就更没有人去关心、去统计了。

资本主义的资本积累与环境问题之间存在着内在的联系。第三世界在资本主义资本积累过程中，欠下了巨额债务，积淀着贫困。债务、贫困使第三世界的生态环境变得更糟，环境危机时常发生。不断退化的生态环境的扩大又加深了贫困、加重了债务，形成一种恶性循环。第三世界国家的债务填充着发达资本主义的资本积累的口袋。第三世界国家不断地为西方发达国家提供原料、便宜劳动力，而廉价的资源和劳动力给资本带来了高利润的积累，给第三世界带来了资源的快速耗费、衰竭的危险和债务的增加。利润积累的上升就会相对地加快对资源的需求、对环境的破坏，这样又形成了一个恶性循环：高利润率导致了高积累率，高积累率反过来又导致了对原料的更大的需求；对原料的更高水平的开发导致了生产成本的降低，而生产成本的降低又会使本来就很高的利润和积累率变得更高。[①]

总之，资本通过全球进行积累的过程，实际上就是全球自然资源逐渐耗尽并不断转化为危险垃圾的过程。严格地说，利润率

---

① 参见［美］詹姆斯·奥康纳：《自然的理由》，南京大学出版社2003年版，第291页。

与积累率越高，资源耗尽或衰竭的程度也就越大，从而也就越直接或间接地导致污染率的增大。

资本总是流向世界回报率最高的、自然资源丰富而环境保护脆弱的地区或国家。

一、资本原始积累与环境破坏

英国资产阶级用血与火开启了资本原始积累的先声。当资产阶级在各自的本土完成了原始积累后，便把这种逐渐成熟的做法放大到世界各地。于是，财产、物等利益的东西便升格为世界的统治者，“利益霸占了新创造出来的各种工业力量并利用它们来达到自己的目的；由于私有制的作用，这些按照法理应当属于全人类的力量便成为少数富有的资本家的垄断物，成为他们奴役群众的工具。”①

资本的本土原始积累，是通过“圈地运动”对农民土地进行赤裸裸的剥夺；资本的境外原始积累，是靠贩卖黑奴、屠杀土著、扩大殖民地并劫掠广大殖民地的生产原料。英国的殖民地曾达到本土的九十四倍，日本的殖民地也十倍于日本的国土。一句话，资本的原始积累是建立在生态环境的破坏和劳动人民的牺牲上。

19世纪的一位英国经济学家对英国殖民辉煌期有过一段描述，可以说是对资本海外原始积累图景的真实写照：

北美和俄国的平原是我们的玉米地；芝加哥和敖德萨是我们的粮仓；加拿大和波罗的海国家是我们的木材林；澳大利亚有我们的牧羊场，而阿根廷和北美西部草原有我们的牛群；秘鲁送来

① 恩格斯：《英国状况》，《马克思恩格斯选集》第1卷，人民出版社1995年版，第35页。

它的白银，南非和欧大利亚的黄金流向伦敦；印度人和中国人为我们种植茶叶，而我们的咖啡、糖和香料种植园都在印度群岛。西班牙和法国是我们的葡萄园，地中海是我们的果园，而我们的棉田呢？它老早就占据着美国的南方，现在已扩展到地球各个温暖地区了。①

在进行原始积累时，各个资本家为了直接的利润，在从事生产和交换的地方，首先考虑的只是最近的最直接的经济结果。就正如恩格斯所说的："一个厂主或商人在卖出他所制造的或买进的商品时，只要获得普通的利润，他就满意了，而不再关心商品和买主以后将是怎样的。人们看待这些行为的自然影响也是这样。西班牙的种植场主曾在古巴焚烧山坡上的森林，以为木灰作为肥料足够最能盈利的咖啡树施用一个世代之久，至于后来热带的倾盆大雨竟冲毁毫无掩护的沃土而只留下赤裸裸的岩石，这同他们又有什么相干呢?"②

资产阶级统治自然界就像征服者统治异族人那样，根本不理会自己的肉、血和头脑都是属于自然界和存在于自然界之中。为了得到耕地，他们毁灭森林，"但是他们做梦也想不到，这些地方今天竟因此而成为不毛之地，因为他们使这些地方失去了森林，也就失去了水分的积聚中心和贮藏库"，"他们更没有预料到，他们这样做，竟使山泉在一年中的大部分时间内枯竭了，同时在雨季又使更加凶猛的洪水倾泻到平原上。"③

---

① ［英］保罗·肯尼迪：《为21世纪做准备》，新华出版社1994年中文版，第7页。

② 恩格斯：《自然辩证法》，《马克思恩格斯选集》第4卷，人民出版社1995年版，第386页。

③ 恩格斯：《自然辩证法》，《马克思恩格斯选集》第4卷，人民出版社1995年版，第386页。

在原始积累期，西方资产阶级在第三世界国家犯下了一桩桩损害生态环境的恶性事件。在拉丁美洲，最为典型的是一位法国学者在《美洲的人和环境：论“决定论”和“可能论”》一文中的描写和一位乌拉圭学者在《拉丁美洲被切开的血管》一书中的控诉。这位法国学者写道，墨西哥首府所在地墨西哥谷，是一个农业人工生态系统的典型。墨西哥谷是一个海拔2240米以上的内陆湖盆地，最高峰海拔5442米，常年积雪。欧洲人来到之前，这里已经有人口150万左右。相当多的人居住在城镇中。有些城镇建在湖中心。一个叫做墨西哥－特诺奇蒂特兰的城镇，居住着大约10万人。于是发生一个问题：在当时条件下，怎样动员大规模的农业资源，供养如此之多的人口呢？

16世纪30年代和50年代，还有欧洲作者亲眼看到这里的未被完全破坏的景象。整个城市建在水上，与威尼斯一模一样。水上的、桥梁的、陆地的和水陆结合的通道，宽阔而令人赏心悦目。几乎所有的住宅都两个门，一个通水道，一个通向街道。三条堤道引向墨西哥市。湖区的水利设施把淡水引入城市，防止淡水与咸水相混，但不妨碍淡水流入咸水湖。运载粮食和其他物资的独木舟来往穿梭。湖泊和运河，成为成本低廉、耗费人力很少而效率甚高的运输系统的基础。有一种把梯田和储存、输送山泉水与暴雨降水结合起来的灌溉系统。湖中水浅的地方，有人工建造的大小不等的“漂浮菜园”。“漂浮菜园”由附近的草皮和土堆积而成，插栽柳枝以固定，水源充足，使用淤泥和畜粪作为肥料，并可以承担几头牛的重量。种子先在苗床播下。苗床设在淤泥地里，有苇子遮盖以避免霜冻。幼苗发育到适当阶段，再移植到漂浮菜园去。玉米、番茄、辣椒等都在这里种植。单位面积产量很高。同时存在的，还可能有高度复杂的作物轮作制度。

这位法国学者比较了印第安人和欧洲人对待自然的不同态度。印第安人把水作为所有美好事物的源泉，靠几千年积累起来的经验和知识同水打交道，与自然相融合。他们也有遭受洪涝灾害的日子，但是却在总体上保持着生态的平衡。1519 年西班牙人来到墨西哥，采取的方针是“对水开战”。他们不仅破坏了印第安人修建的水利设施，而且破坏了湖泊系统。大量树木被砍伐，湖水逐渐干涸，甚至出现印第安人在记忆中完全不可思议的遮天蔽日的尘暴。墨西哥谷环境恶化，成为西方殖民者带来的一个严重祸害。①

和墨西哥谷的田园诗般的生态环境一样，印第安人的一切文明创造都毁灭在征服者的贪婪、杀戮、抢劫中。乌拉圭学者爱德华多·加莱亚诺在他自评是经典的拉丁美洲的历史之作——《拉丁美洲被切开的血管》中（作者在这部书中揭露了被官方掩盖和篡改的历史，呈现了西方在这块富庶美丽的土地上进行掠夺的真实历史图景），声声控诉着西方在拉丁美洲如何围绕金银、农作物和其他矿产进行掠夺；通过所谓自由贸易、贷款、铁路、阴谋和暴力将拉美国家的民族工业扼杀在襁褓中；如何将那里的一切——自然资源、人的劳动和人的消费都先后转化为欧洲和美国的资本。

书中写道，玻利维亚高原有一座海拔 5000 米的山峰波托西，山下是一度震惊欧洲的同名银城。由于发现银矿，波托西 1650 年已经拥有 16 万居民，成为当时世界上最大、最富有和最繁荣的城市之一。它的白银养活了整个欧洲。但是现在的人口比四个世纪前少了 3 倍，成为一个著名穷国的最贫困的城市之一。西班牙人撤离的时候，把 5000 个矿井扫得干干净净，只剩下废石堆和荒山秃岭。波托西成了美洲殖民制度留下的一道流血的伤口，一份控告书。书中还写道，巴西东北部含有丰富矿盐和腐质层的

① ［法］胡安·卡洛斯·加拉瓦格里亚：《美洲的人和环境：论“决定论”和“可能论”》，载《国际社会科学杂志》中文版第 10 卷第 4 期，1993 年 11 月。

沿海热带林区，被开辟为替欧洲市场提供蔗糖的种植园，森林、植被和珍奇动物成为单一作物祭坛的牺牲品。随着地力耗尽，昔日的宝地变成巴西最贫困的地区。①

非洲的情况不见得比拉丁美洲强。在非洲，15 世纪中叶葡萄牙人的到来，意味着不幸与灾难的开始。资本为了在全球进行原始积累，开始了资本主义制度上最为野蛮、最为污浊的肮脏的奴隶交易。奴隶贸易榨干了非洲的血液，摧垮了非洲的精粹，磨损了非洲的自主精神和创造力。除此之外，还有非洲广袤的土地、美丽的山河、丰富的矿藏等等都遭到掠夺。田地荒芜，灾害频仍，一片萧条凋零的败落就是当时非洲的真实图景。

美洲金银产地的发现，土著居民的被剿灭、被奴役和被埋葬于矿井，对东印度进行的征服和掠夺，非洲变成商业性地猎获黑人的场所——这一切标志着资本主义生产时代的曙光。这些田园诗式的过程是原始积累的过程。原始积累完毕，接踵而来的是欧洲各国以地球为战场而进行的商业战争。资本主义在它们经营殖民地过程中又以另一种图景“展示出一幅背信弃义、贿赂、残杀和卑鄙行为的绝妙图画”，② 而且来势更凶更猛。越来越多“生态环境场”再次以另一种方式圈进了西方的“垄断资本场”。

二、新殖民主义与环境问题

殖民主义是西方在全球化进程中基于资本主义生产方式而采用的一套极为野蛮、腐朽、落后的、甚至制度化了的对外政策和做法。殖民主义的基本要义，是鼓吹和采取种种方式和手段对亚

① ［乌拉圭］爱德华多·加莱亚诺：《拉丁美洲被切开的血管》，人民文学出版社 2001 年版。

② 马克思：《资本论》（第一卷），《马克思恩格斯全集》第 44 卷，人民出版社 2001 年第 2 版，第 861—862 页。

非拉落后第三世界国家和地区进行控制、掠夺和剥削。从殖民主义的几百年历史来看，其发展远没有终结的迹象。以20世纪50、60年代第三世界国家的民族解放运动的胜利为分水岭，其前划分为旧殖民主义、其后划分为新殖民主义。在旧殖民主义时期，殖民主义者肆无忌惮地通过直接军事镇压、政治统治等手段在经济上控制、掠夺和剥削第三世界国家，并建立起"极少数'先进国'对世界上绝大多数居民实施殖民压迫和金融控制的世界体系"。① 上文提到的资本境外原始积累过程，从时间表上看就是旧殖民主义过程。这个过程曾经给亚非拉地区广大人民带来深重的社会灾难和环境灾难。

20世纪初的俄国革命和苏联社会主义建设的实践，为第三世界国家及全人类开辟出了一个摆脱殖民统治、建立政治经济独立的民族国家的历史发展方向。二战的结束，帝国主义殖民体系的土崩瓦解，标志着旧殖民主义从此退出了历史舞台，亚非拉广大第三世界国家开始从历史的幕后走上台前，成为了历史的真正发展主体。然而，植根于资本主义生产方式的殖民主义是根深蒂固的，西方资本主义国家的殖民主义本性是不会改变的，它与资本主义生产方式同生共死。第三世界国家独立运动胜利后，发达资本主义国家根本就未曾放弃过殖民主义，只不过换了个包装罢了，采取了一些表面上较原先"文明"、"进步"、"合理"的手段，如经济援助、政治渗透、军事渗透来推行殖民主义，其控制、掠夺、剥削发展中国家的欲望不仅强烈依旧，反而变本加厉。这就是新殖民主义。

新殖民主义的作用范围、手段，随着国际形势的不断变化而变化。当环境问题在全球范围内趋于尖锐化并成为全球共识时，发达国家便开始以环境问题为手段来推行一种环境殖民主义。实

① 参见斯大林：《列宁主义问题》，人民出版社1973年版，第19页。

质上，环境殖民主义就是殖民主义在环境问题上的具体体现和发展。

环境殖民主义是在新的国际形势下出现的没有殖民地的殖民主义。它虽没有旧殖民主义血与火式的武力征服或制造分裂的殖民活动，但它所造成的后果几乎与旧殖民主义毫无二致。它主要是通过“强奸”第三世界国家的环境意识，在政治上采取环境外交，以保护环境为借口，干涉他国内政；在经济上利用第三世界国家在经济增长与环境保护上的“两难境地”，凭借其资金和技术上的优势，利用第三世界国家的统治阶级来达到其剥削的目的。环境殖民主义的主要形式有生态侵略和污染入侵，巧取豪夺第三世界国家的生物资源，向第三世界国家转嫁污染产业、销售有毒产品和转移有害废弃物等。这些形式又主要靠借助西方全球化之势对第三世界国家的公共地、公共环境以及公共部门的私有化和市场贸易的自由化来实行。这无疑使第三世界国家的环境状况雪上加霜，进而增添了更多的环境不安全因素。

现代资本主义，利用其生产方式的几百年扩张形成的“工业欧美，原料亚非拉”的国际经济秩序，与第三世界进行不等价交换，低价从第三世界国家搜刮原材料，高价向第三世界出售制成品。在这种西方主导的国际格局中，第三世界国家的大多数为了求得暂时依附性发展而不惜加重生态环境的恶化，去接受新自由主义的一些对自己极为不利的游戏规则，譬如，全面私有化、市场绝对自由化和政府干预最小化，等等。

下面来看看西方全球化中的阿根廷：

阿根廷是最早接受西方全球化的一套规则来进行发展的第三世界国家，也是最早陷入全面困境的第三世界国家。阿根廷政府听命于世界银行和国际货币基金组织，明确地放弃了过去的国家工业化方针，自甘作为农牧业初级产品出口国加入全球化经济的国际劳动分工体系，把农牧业食品专业化作为阿根廷经济发展的战略重点，用自己在自然资源和初级产品上的暂时比较优势，去交换发达国家的高附加值制造品和高技术。就这样，1913 年人均 GDP 为 3797 美元（当时相当于美国人均 GDP 的 80%）的阿根廷经过一个世纪后，人均 GDP 降至 2100 美元，欠外债近 2000 亿美元，50%以上的居民生活在贫困线以下。[①] 由于高度集中种植热带经济作物如棉花、橡胶、咖啡、甘蔗、新鲜水果和蔬菜，密集使用化学投入品，引起了土壤污染、水污染和森林退化等，对生态环境也造成严重的破坏。来自自然资源管理局的报告表明，大约 6000 万亩土地被严重地腐蚀，主要原因是在干旱和半干旱地区过度种植单一作物、非保护性农业政策、砍伐森林和扩大牲畜养殖等。这种农牧业结构对生态环境的严重影响，几乎在每个发展中国家都存在着。

西方发达国家希望第三世界的市场绝对自由化。如此这般，第三世界的资源型初级产品和原材料可以自由流出、发达国家的制成品包括工业农业和轻工业产品可以自由流入、污染严重型企业和危险废弃物可以自由越境转移、有毒、有害物品可以自由销售，等等。

第三世界国家的资源型初级产品和原材料与发达国家的制成品的自由贸易，可能对第三世界国家带来巨大的社会成本和环境成本。在社会方面，这两种产品间贸易的价格“剪刀差”带给第三世界的是更多的贫困和财富的境外流失；在环境方面，由于市场管制的放开和出口刺激，将使他们更加使用农业密集技术生产农产品，掠夺性开发自然资源，大量出口资源密集型的产品，而不管资源的保护和环境的破坏，结果会导致自然资源的枯竭、生物多样性的损失等。

---

① 曾昭耀：《经济全球化：现代化进程面临的新的挑战》，载北京大学世界现代化进程研究中心主编的《现代化研究》第 2 辑，商务印书馆 2003 年 7 月版。

发达国家把污染严重的行业转移到第三世界。70年代初，美国公司在本国冶金和有色冶金企业用于环境保护的资金占其投资总额的14.8%，而在国外的企业仅占3.7%。1981—1985年，美国危害生态工业的国外投资总额中，第三世界国家占35%。1969年美国在印度兴建的一个农药厂——博帕尔农药厂，曾在1984年12月因毒剂外泄造成2800人死亡，20多万人中毒。据资料显示，日本60%以上的高污染产业已经转移到东南亚和拉丁美洲，美国39%的“肮脏产业”也已经转移到第三世界。

发达国家把有毒有害垃圾和产品转移到第三世界。据联合国环境署的统计，工业发达国家产生的有害废弃物占全球产生量的95%。全球每年生产危害垃圾5亿吨，90%来自发达国家，这些垃圾被大量转移到第三世界。埃菲社1994年8月14日的一则报道说，富国每天把丢弃的废物输往穷国，最近五年已向第三世界输出1000多万吨危险有毒废弃物。与美国接壤的中美洲国家成为美国最方便的垃圾场，有毒垃圾源源不断地运往这些国家。继拉丁美洲、非洲之后，亚洲成为西方国家新的废品场，越来越多的有毒金属、医疗废弃物和放射性废弃物进入亚洲。韩国曾是亚洲最大的垃圾进口国。香港是塑胶废料的最大买主，每年输入美国塑胶废料的50%，1991年输入近7500万磅，其中大部分转运至中国大陆。近年来，中国成为西方眼里的理想废物场。1992年8月，上海海关人员查出，来自纽约的六个集装箱中有55%的家庭垃圾、输血袋及管子。在欧洲，近年来大量工业垃圾运往原东欧社会主义国家。[①]纪录片《世界垃圾场》执行编辑和解说人比尔·莫依尔在《警惕污染转嫁》一文中说出一句公正的话：“世界上最富有的国家正把大量有毒废弃物送给别人处理，给世

① 卫建林：《历史没有句号》，北京师范大学出版社1997年版，第361—364页。

界上穷人的肩膀上再增加一份重担。”[①] 瑞·夏维斯（Rev·Chavis）说：“何处没有白人，何处就成了他们要倾倒垃圾的地方。这种情况遍及全世界。许多有毒化学物倒往太平洋岛屿和非洲，最近揭露出来肯尼亚允许我们去倾倒核废料。”对此，非洲统一组织严厉谴责美国和欧洲国家向非洲倾倒有害垃圾，说这是一种“毒物恐怖主义”，是“反对非洲和非洲人民的一种罪恶”。[②]

国际社会早就对这种行为有过指责和行动，但基于西方强势、南方弱势的格局，其作用甚微。1989 年 3 月，联合国通过了关于控制危险废弃物越境转移及其处置的《巴塞尔公约》，但由于公约本身存在的缺陷和某些发达国家阳奉阴违的抵制，在公约于 1992 年 5 月生效后，未能遏制国际危险废弃物的非法交易活动。1995 年 9 月，在日内瓦召开的《巴塞尔公约》签字国代表会议上，多数国家又提出该公约的增补条款，即禁止发达国家向发展中国家出口有毒危险废弃物，禁止发达国家把有毒危险废弃物运往发展中国家进行回收利用的一切活动。但是，美国代表又公开反对这个议案，宣称“停止对可再生废弃物的国际贸易必将促使那些需要它们的国家转向寻求更多的原材料，从而产生更严重的环境后果”。[③]更具有讽刺意味的是，1996 年 4 月，在日内瓦联合国人权委员会第 52 届会议上，以 32 票赞成、16 票反对、3 票弃权通过的关于制止向发展中国家非法倾倒有毒物质的决议时，还是以美国为首的几乎所有发达国家对这个决议投了反对票。[④]

---

① 《人民日报》1993 年 11 月 9 日。

② Karl Grossman, Environmental Racism, 《People, Penguins , and Plastic Trees》 – Basic Issues in Environmental Ethics Pierce/Van Deveer 2 nd Edition Wadsworth Publishing Company P 39 – 44.

③ 刘沐：《己所不欲，勿施于人》，《中国环境报》1995 年 9 月 30 日。

④ 《穷国不是富国的“垃圾箱”》，《科技日报》1996 年 4 月 26 日。

对于有毒产品的出口，美国是“典型代表”。1991 年—1994 年间，美国向 10 个发展中国家出口了 2600 万吨有毒杀虫剂。其中氯丹和七氯这两种杀虫剂在美国和其他 50 多个国家都禁止使用，但洛杉矶一家名为瓦尔西科的公司照常生产并向 15 个热带地区的发展中国家出口。[①]

保存自己的资源，耗费第三世界国家的资源，优化自己的环境，破坏第三世界国家的环境，以保证自己的持续发展，是西方全球化的逻辑。西方国家利用第三世界国家目前所处的发展阶段，大量把高资源消耗型产业转移到国外，不断从这些国家进口初级产品来满足自己的发展需要，进口资源尤其是战备性资源以储备（比如石油），竭力想保存本国的资源以备后需。

就拿美国来说，从 20 世纪 70 年代石油危机开始，美国就意识到资源储备的重要性。美国矿物委员会认为，对于没有足够数量的矿产品，明智的国家决策应该赞成自由地利用外国资源，以保护我们自己的资源。如果不顾资源的多寡，一味地强调利用本土资源，这样就会使有些资源枯竭，进而影响国家的安全。在这种思想的指导下，美国就一直把对国外重要资源地区的控制作为它的政治外交的一个核心。

日本是另一类典型的国家。日本本土的森林覆盖率高达 68%，而它的木材消耗量居世界第 6 位。它所需的木材基本上都是从东南亚和拉丁美洲国家进口。最能揭露日本这种为了优化本国环境而把灾难推向第三世界国家的例子就是，为了得到国内禁止生产的“一次性筷子”，却在森林覆盖率世界最低的中国建立合资筷子厂而返销，仅 1996 年就从我国进口 200 亿双。

除此之外，发达资本主义国家对发展中国家还大力推行环境壁垒政策。环境壁垒是贸易壁垒的一种新形式，是环境殖民主义

---

① 肖显静：《生态政治》，山西科学技术出版社 2003 年版，第 227 页。

的一种新表现，是指发达资本主义国家以保护环境、资源和人类健康为名，通过蓄意制定远远高出第三世界国家经济技术发展水平的严苛的环境标准，主要对来自第三世界国家的产品的进口加以限制的做法。发达资本主义国家通过从市场准入到关税保护、从环境技术标准到绿色环境标志、绿色包装制度以及绿色卫生检疫制度各个关口，企图扼杀第三世界国家的民族工业，不允许它们的发展，进而把它们进行历史定格——永远作为自己的“郊区”。

第三节　西方全球化：不平衡与联合发展矛盾中的环境问题[①]

资产阶级的兴起以及大工业所不断开拓的世界市场，使一切国家的生产和消费都成为世界性的，使历史越来越转向世界的历史，这就是西方全球化进程的总图景。在此进程中，资产阶级力图按照自己的面貌为自己创造出一个世界，在这个世界里，国内乡村要屈从于城市的统治；不同的国度里，未开化和半开化的国家要从属于所谓文明的国家；对民族而言，农民的民族要从属于资产阶级的民族；从地理位置上讲，东方要从属于西方。总而言之，一切民族的、地域性的东西都要屈从于西方国际垄断资本的统治。

不平衡发展与联合发展是西方全球化的两个轮子。资本主义发展是依靠在其全球化进程中不断地制造不平衡发展状况和联合发展来维持的。不平衡发展即扩大两极分化、社会贫富差距和阶

---

① ［美］詹姆斯·奥康纳在《自然的理由》一书中认为，资本主义积累必然导致发展的不平衡，同时经济联合程度也在不断加深。

级对立，联合发展即把整个世界纳入到其发展体系中以构成一个“城市—郊区”型的发展模型。在国内如此，在国际上更是如此。依附论与世界体系论的理论核心就是不平衡和联合发展。不管从广度还是深度，西方资产阶级在其全球化中，一面不断扩大这种不平衡，另一面不断地加强这种联合状况。貌似矛盾着的不平衡与联合发展，在某种意义上讲，就是西方全球化的全部意义所在。不平衡和联合发展引发了第三世界国家的不同形式的污染、引起第三世界国家资源的过早枯竭。

一、不平衡发展中的环境破坏

马克思最早对资本不平衡发展与环境问题进行过理论阐述。他指出：“资本主义生产使它汇集在各大中心的城市人口越来越占优势，这样一来，它一方面聚集着社会的历史动力，另一方面又破坏着人和土地之间的物质变换，也就是使人以衣食形式消费掉的土地的组成部分不能回到土地，从而破坏土地持久肥力的永恒的自然条件。这样，它同时就破坏城市工人的身体健康和农村工人的精神生活。”[①] 马克思认为，资本主义的发展，推动了城市化的发展，而城市化的发展又破坏了农业社会人与自然之间的物质循环关系，造成了环境的恶化，极大地危害了工人的健康。马克思还认为，在资本主义条件下，农村和城市地区必然会产生高度的劳动力分工，这种分工会破坏人类和自然间基本的新陈代谢过程，即人类、动植物所消耗的自然要素必将回归土地。当这种情况放大到全球各地，就不仅仅是农村与城市间的问题，而主要是第三世界与发达资本主义间的问题。

在西方经济全球化中，自然环境被视为其生产活动的起点而

① 马克思：《资本论》（第一卷），《马克思恩格斯全集》第23卷，人民出版社1972年版，第552页。

不是归宿点，尤其是当涉及到污染与其他环境破坏时。西方全球化不时再生产出来的发展不平衡，可解读为一种作为整个全球资本主义体系再生产基础的帝国主义与殖民地、中心地区与周边地区之间的剥削与被剥削关系，这种关系是西方资本主义存在和发展的基础。

不平衡发展，首先表现在诸如土壤、森林、矿产、气候等自然资源在全球分布状况上的差异，这些并不是决定性因素。大家都知道，有些自然资源丰富的地区如北美变成了工业强国，有些如北非则没有；而有些工业强国如日本的资源却是十分贫乏。决定不平衡发展是资本主义生产方式。资产阶级在殖民时代，普遍造成殖民地国家的大多数农村地区一种相对高度发达的农业制度，它集中生产某种单一经济作物，供应世界出口市场。第三世界国家的不平衡发展和对经济部门专业化的分割是西方发达资本主义经济结构的先决条件。

西方全球化导致的全球不平衡发展，以及这种不平衡引起的第三世界国家的单一性的商品出口模式，在环境的破坏和资源的耗竭中，扮演着一个重要的角色，起着重要的作用。第三世界国家在西方垄断资本控制的国际垂直分工体系下，发展单一的农产品、矿产品经济结构，主要是为了出口创汇和还债抵息。这对资源环境造成了极大的危害。第一，是对土壤和耕作环境的破坏。这里有两个很好的例子，一个是：蔗糖生产在巴西东北部地区的不受约束的扩展，毁坏了当地土壤，并把这一原本土肥景美的地区推向了赤贫状态。事实上，这一地区到现在还未真正地从这种贫困中恢复过来。另一个是非洲撒哈拉沙漠周边的那些半沙漠地区的状况。这些地区在过去大多属于法国在西非和赤道非洲的所属地，在以下几种因素的共同作用下，这些地区的环境遭到了很大的破坏：农作物种类集中在可供出口的产品上、出口性农业对生存性农业的反作用以及由此而来的土地的生态条件的更加恶化、可供放牧的土地的不断减少，等等。特别到了干旱时节，法国统治者为了自己的牲口而不顾当地的老百姓，他们肆意地给牲口挖井，进而造成井周围的自然环境因抽水过度和牲口过多而被破坏。① 第二，是对森林的大量砍伐。早在殖民主义时代，资本的盲目扩张使得世界上的大量森林惨遭毒手，尤其是第三世界国家的热带雨林。第三世界为了服务于昔日的宗主国、今天的发达工业国家，情不自愿地采纳以出口为价值取向的生产，不加控制地商业性对热带雨林进行直接开发；为了进行出口农牧业生产而大肆烧毁森林以腾空土地；为了开采矿藏而故意破坏森林与植被。而森林的大量被砍伐，留给第三世界国家的却是永久的旱灾、水灾、河流的淤塞和水土的流失等数不尽的灾难。第三，是对矿产、矿物燃料的过度开采。缺乏对矿产、矿物燃料的理性开发，除了直接导致生态环境的破坏外，还会间接地引起环境的改变。开采产生的矿渣、废弃物导致了农业的减产和土地质量的下降，矿产机械所产生的烟雾所带来的空气污染，还有开矿常引发的山体滑坡现象等。

西方全球化程度越高，资本的不平衡发展越厉害。资本不平衡发展越厉害，在资本积累高的一端，工业、日常生活及城市所造成的污染在空间上的集聚度将越高，在资本薄弱的一端，因粗放型经济发展造成的污染也越高。在空间上高度集中的电子工业，把大量的废弃产品转变成了有毒污染物，其原因主要在于这些废弃物在地理位置上太集中了，如硅谷。相反，在广大第三世界国家的一些农村地区由于缺乏有效资本的投入，为了生存却在无奈地牺牲环境来维持生命。

总之，西方全球化进程中的发展不平衡最终导致第三世界国

① 参见［美］詹姆斯·奥康纳：《自然的理由》，南京大学出版社2003年版，第309—310页。

家的人民越来越穷，环境越来越糟，发展越来越困难。无疑，西方全球化对第三世界及整个人类社会而言，已经成为了一场史无前例的大灾难，如果环境问题没有得到彻底解决，就像卡斯特罗所说的，地球上最后一种物种就要绝灭了。

二、联合发展中的环境破坏

联合发展是西方全球化最重要的表现形式。但这种联合是在前面的不平衡发展基础上一定程度的相对联合，是西方垄断资本得以生存的前提。这里的联合，实际上就是国际资本主义发展体系中的联合，第三世界只是作为一个“郊区”并入到西方全球化过程中的一个组成部分而已。总是迷恋于利润最大化的资本，通过全球化把发达的技术、工业化的管理、劳动的分工与低工资或者对劳动的超额剥削结合在了一起；把19世纪的劳动条件及政治形式与21世纪的技术结合在一起，或者说，把追求利润最大化的发达国家与第三世界国家在一种新的统一体中结合了起来。这种新的统一体是由全球的银行业提供经济支持，通过全球的跨国公司组织起来。

资本在全球寻求最大利润过程中，以各种方式把各种不同的社会经济形式联合起来。西方发达国家通过区域化和全球化向第三世界国家输出资本、技术、下游污染型企业和各种废弃物，因为第三世界国家拥有足够廉价的剩余劳动力和丰富自然资源、没有强大的劳工组织和严厉的环境保护法以及激进的环保运动。为了把第三世界国家联合在自己的发展圈内，资本总是和第三世界国家的统治阶级合谋压制工会组织、利用舆论欺骗民众，并践踏这些国家脆弱的环保法律与政策。对于这一点，美国联邦法院1986年5月的一份决议说绝了。该决议“允许美国的跨国公司自由地在海外扩展其工厂，而不必顾及这些工厂对当地居民可能造成的危害……该法院的法官同时还传递出了这样一个清晰的信号：其他的跨国公司可以通过把子公司、合作伙伴以及各种经济和技术的协议隐藏起来的办法，来彻底逃避因在全球各地从事有毒害性的生产实践而必须担负的责任。”①

在这种所谓的联合发展体系里，西方工业国家的污染被“出口”到了南方的第三世界国家。在西方工业国家里，由于污染控制设备和其他环境监测手段明显地会减少资本利润，由于强大的工会组织和环保运动的压力会无形增加社会资本的开支，他们就通过这种发展的联合，把“工业生产中额外的社会成本和生态成本转嫁到国外去”。② 那些在发达国家内因劳工斗争和环保运动被禁止使用的危险性的化学物品和生产流程，在第三世界国家的工农业生产中找到了出路。哥伦比亚农业部的统计报告显示，14家驻哥伦比亚的跨国公司进口的产品，几乎全是美国1970年以来早已禁止使用的杀虫剂。③ 西方发达的管理经验、雄厚的资本和高新的技术，在经济全球化和新自由主义运动中，与第三世界国家的相对落后的工农业生产方式的结合，加快了生态环境的恶化。西方转移到第三世界去的资本、技术，只考虑眼前的、最直接的利益，它们才不管在那儿引起的一系列的社会和环境问题。西方把第三世界捆绑在自己发展战车上的危险做法，“在全球范围内增加了‘社会成本’、异化性以及剥削率，并进而导致利润率的增加、资源的使用与破坏的速度的加大，以及各种形式的污染率的增大。”其发展结果必然是“一种生态破坏与人类本身的

① 拉里·伊维雷斯特：《更多的波帕尔人》，载《自然》1986年6月21日。

② ［美］罗纳德·奇尔科特主编：《替代拉美的新自由主义》，社会科学文献出版社2004年版，第155页。

③ ［美］罗纳德·奇尔科特主编：《替代拉美的新自由主义》，社会科学文献出版社2004年版，第155页。

破坏之间的循环往复的螺旋型上升过程。”[①]

联合发展还在第三世界国家造成了一种畸形的城市发展。沙特阿拉伯《生活报》2002年10月7日文章《世界一半人口生活在城市》写道[②]，目前最大的变化是最不发达国家的城市人口，已从1975年的27%提高到了2000年的40%，增加了12亿多。伴随着大城市发展、特别是第三世界国家大城市发展的问题是：城市贫民增多，穷人被迫生活在城市周围或城市边缘地带，那儿拥挤不堪、又脏又乱，那儿常常遭受洪水和滑坡等自然灾害的侵袭，而且没有自来水、没有下水道、没有医疗保健和垃圾管理等基本服务设施。文章还认为，膨胀的城市给第三世界国家带来了严重的环境问题，一是使本来紧张的农用地被征用，还有沿海地区的过分城市化危害着那里的生态系统，并可能会改变沿海水域的特征和自然面貌。二是集中的工厂和汽车等交通工具造成的空气污染严重。污染的城市空气危害人体健康，为此全球付出的医疗费用每年约达1000亿美元。据估计，全世界每年约有270万至300万人因空气污染致死，其中发展中国家占90%。印度36个城市中每年有5万多人因空气污染致死。另据估计，发展中国家因空气污染每年要耗费国民生产总值的5%－20%，而发达国家只有2%。三是饮用水减少且污染严重。塞内加尔首都达喀尔的一部分地区每1513人只有一条公用水管，卢旺达首都基加利的许多地区每600－1000人共用一条水管，毛里塔尼亚首都努瓦克肖特每2500人共用一条水管，印度许多城市每48小时中只有2小时供水。据黎巴嫩1996年发表的一份环境战略报告指出，黎巴嫩约有70%的自然水资源和水管受到细菌污染，66%的城

① ［美］詹姆斯·奥康纳：《自然的理由》，南京大学出版社2003年版，第317页。

② 《世界一半人口生活在城市》，沙特阿拉伯《生活报》2002年10月7日。

市供水网受到细菌污染。从工厂流出的液体未作必要的处理就直接注入河流和农田灌溉水渠，并渗透到地下污染地下水。四是生产生活垃圾得不到处理。人口增加、消费增多，垃圾量相应也增多。连发达国家城市也面临着因不良生产技术和垃圾处理不当造成的环境污染问题，何况第三世界国家?

总之，在西方全球化过程中，西方垄断资本在“货币流通过程中把自然资源的退化输出到国外”，在“生产流通过程中把污染和对职业健康与安全的危害输出到国外”，在“商品流通过程中把生产和消费的危险手段输出到国外”。[①]

西方全球化——一个发展不平衡的不断扩大和发展的不断联合的矛盾体，不断加剧了生态环境和社会的破坏。当不平衡发展速率远远超过联合的速率时，这个矛盾体就有可能发生爆炸。不可否认，西方全球化是促成了西方资本的自身联合及进一步联合的趋势，但也造成了今天的第三世界国家普遍存在着土壤的恶化与流失、森林的砍伐、空气和水的污染、公共健康及城市污水方面的问题、石油的泄漏、有毒废弃物的危害以及农药中毒、更加贫困化与边缘化等现象。当这些现象达到一定程度必然也会“全球化”，到那时，西方国家想独善其身恐怕只能是一厢情愿罢了。

三、跨国公司是第三世界国家环境恶化的“直接操纵者”

在过去的一个世纪里，很多国家的法律和国际法都加进了相关的经济法规，使那些所谓“已上市的有限责任公司”，即使因行为损害了投资国社会、人民或环境的利益也不会被诉诸法律，从而免于任何法律责任。这就等于给了这些跨国公司挡箭牌，“使他们在全世界不至于因对人们生活、社区、环境的破坏甚至

① ［美］罗纳德·奇尔科特主编：《替代拉美的新自由主义》，社会科学文献出版社 2004 年版，第 157 页。

犯罪而受到任何惩罚。”[1] 有这样的良好生存环境，才有跨国公司的全球扩张。

跨国公司是西方全球化的主要载体，是世界上最大的经济行为者，也是地球环境问题的主要责任主体。目前，世界上跨国公司已远远超过 4.5 万家，17 万家子公司，其中最大的 100 家（不包括银行和金融机构）掌握着 3.1 万亿美元，约占世界各国海外投资的 50%。最大的 200 家中有 172 家分别隶属于 5 个发达国家即美国、日本、德国、法国和英国。位于华盛顿的“政策研究所”指出，其中最大的 200 家的总销售额比全球 191 个国家中 182 个的总经济实力还高。更有甚者，它们的年收入几乎是全世界最穷的 4/5 人口总收入的两倍。如果把跨国公司与国家按经济实力一起排名，那么前 100 名中将有 53 名是跨国公司，而不是国家。

跨国公司全球扩张的主要动力是对利润的绝对至上和追求。从资本发展逻辑看来，跨国公司总是在世界范围内寻求各种生产要素的最佳组合，来进行生产经营和销售活动，来最大限度地利用这种“绝对最佳”的生产与销售获取最高的利润。显然，这种追求是与自然环境本身有着直接的冲突。赫尔曼·戴利和约翰·科布在其经典著作《为了人类的共同利益》一书中指出，强调对利润的追求，将“资本”片面地定义为产品、服务、机器、建筑等人造物质，而忽视了“自然资本”——所有这些经济活动所必须依赖的自然资源，这会严重破坏我们这个星球上生态系统的有限承受能力。实际上，对利润的这种至上追求是对大自然和人类的“偷窃”行为。印度女权主义者、生态保护主义者范达娜·夏夫博士指出，将原始森林砍伐后，种上单一品种的松树，以向有关跨

---

① ［加］莫德·巴洛、托尼·克拉克：《蓝金》，当代中国出版社 2004 年版，第 81 页。

国公司提供原料，这样做可能增加收入，但它剥夺了森林树木品种的多样化，降低了其保护土壤与水源的能力。而且当地社区人民依靠原始森林提供食物、饲料、燃料、纤维和药品，以及抵御自然灾害的权利也遭到了剥夺。[①]

跨国公司在国际垄断资本的驱使下，在不断征服世界市场的过程中，理所当然地把认为是人类共同财富的自然环境作为其全球扩张争夺的商品对象物——这也是西方全球化的一大显著特点。近年来，还出现了一些专门从事把人类生命这一公共资源商品化的新行业。其中一个显著的例子就是生物技术工业。一些知名的生物技术公司打着“生命科学”的幌子，将种子和基因转化为商品，作为遗传工程食品和健康食品在全球市场销售。某个发达国家的公司从尼日利亚的一种植物中提取了一种名为索马丁的比食糖甜1000倍的加甜剂，并已申请了专利，而提供原始植物资源的尼日利亚却所得甚微，如果自己要生产这种加甜剂的话，还要花钱到这家公司购买其专利技术和配套设备。本来，按照联合国《生物多样性公约》规定：“各国对它自己的生物资源拥有主权权利”，“可否取得遗传资源的决定权属于国家政府，并依照国家法律行使”。可是，发达国家的跨国公司却把第三世界国家的这些当成“全人类公有财产”以各种形式私有化为自己的资本，这就是国际垄断资本的行径。

第三世界国家人民的基因，也被西方跨国公司所注册，被商品化和私有化为西方跨国公司（医药公司、生物技术公司）的囊中之物。由于人的大部分疾病可以从遗传基因上找到病根，查明了各种基因功能就能带来巨大的经济利润，于是人体基因就成了西方争相夺取的一种特别资源。争夺的地方无疑多在第三世界国

① ［加］莫德·巴洛、托尼·克拉克：《蓝金》，当代中国出版社2004年版，第82页。

家。据1996年7月19日国际权威杂志《科学》报道，美国哈佛大学已与中国6个医学中心签约，计划抽取2亿个中国人的血样和基因，美其名曰它的最终目的是“主要分离和鉴定‘文明病’（糖尿病、高血压、肥胖症）和复杂遗传病的相关基因。”其实，这就是对中国人基因资源的掠夺。

跨国公司自从它的鼻祖——“东印度公司”起就一直充当着西方垄断资本全球扩张的工具。只是现在没有以前那么血淋淋，但是却更为有效。今天的跨国公司，在西方资本主义国家通过几百年的殖民政策所构筑起来的世界不平等的权力和经济格局的舞台上，继续演义着殖民经济活动。不但如此，它们还在努力维持和扩大着这种不平等。它们以“上帝”的口吻，利用先进的科学技术、雄厚的资本和其他一系列的配套机制，在第三世界国家和地区合法半合法地占有或分享其自然资源。比如，西非的加蓬是个资源十分丰富的国家，资源是属于加蓬的，但开采和加工权主要掌握在西方跨国公司手里。有资料显示，早在20世纪80年代，加蓬的石油就由19家外国公司控制，其中3家大公司控制着全国石油产量的90%。铀由法国公司所垄断。以美国、法国资本为主的一家公司掌握着锰矿生产。法国的8家公司控制着木材产量的73%。

第四节　西方对第三世界的援助：一种“去绿色化”的镀金镣铐

一、对西方援助性质的评述

国际间经济的援助，起始于二战后的美国对西欧实施的马歇尔计划。现在看来，此计划旨在阻止苏联社会主义阵营的扩大和销售自己的军火与商品，旨在适度地帮助西欧恢复经济和更牢地控制住这些国家的经济、政治和军事。美国著名思想家诺姆·乔姆斯基对马歇尔计划是这样评析的：著名的马歇尔计划是拿美国纳税人的钱去向西欧“行善”，结果却肥了美国资本家的钱袋。他说，所有援助计划中的130亿美元中，有20亿美元直接进入了美国石油公司的腰包。美国为了石油公司的利益，努力迫使欧洲经济从以煤为基础转变为以石油为基础，这样就可使煤炭资源丰富而缺石油的欧洲国家将更多地依赖于美国。那其他部分钱呢？同样还是没有离开过美国，只是从纳税人的口袋转移到少数人的口袋而已。他说，为了重新征服印度支那人民，法国刚好用援助金购买大量的美国武器镇压那里的人民；受援国荷兰最初也部分地出现同样的情况，因为它也在印度支那做同样的事情。[①]可见，连向自己的盟国援助都有这么多的自私考虑的美国，在向第三世界国家提供援助时又会怎么样呢？还是一家德国的报纸说得好：“没有无条件的援助”，任何援助都是有条件的。[②]

援助好像成了第三世界的一种“福利”。其实不然，援助一直是西方外交政策的工具。它们的援助主要是为了自己而不是为了被援助者。援助者把援助的最初、最直接和最明显的利益看得比受援国更重要。为了达到这个效果，它们设计了名目繁多的援助，几乎每个援助的背后都隐藏着一个可怕的故事或阴谋。就拿发展援助来说，它不是在帮助第三世界国家脱贫，而是在阻碍、限制其经济朝着符合人民群众利益的理性方向发展，把受援国经济发展牢牢地控制在手。从这个意义上说，西方对第三世界国家的援助就是一种表面镀上金的镣铐。

---

① 《揭露帝国主义的真面目》，载美刊《国际社会主义评论》2003年11—12月号刊。

② 《新兴工业国家潜藏着影响世界经济的危险》，载德国《世界报》2001年10月9日。

援助首先是有地域性的，不是每个第三世界国家都能得到西方的援助。只有对西方具有战略意义的国家才会得到援助。譬如，美国援助萨尔瓦多、巴基斯坦和土耳其具有明显的反共斗争的战略意义，援助以色列和埃及具有反对第三世界斗争的战略意义；卢旺达大屠杀如果得到美国的及时援助也就不会发生，因为那里不是美国的战略所在。

其次，援助是附有苛刻经济、政治条件的，根本不是“第三世界命运的逆转”[①]。西方利用世界银行、国际货币基金组织等作为核心援助工具来管教和“重新征服越来越难以管理的第三世界”。美国国际发展署明文规定：援助应当附加条件，即必须推行新自由主义政策，必须用来帮助第三世界私人企业发展以削弱其政府的作用。[②] 在美苏对峙的冷战时期，肯尼迪针对拉美提出的“争取进步联盟”计划声称，要在 1961 - 1972 年的 10 年里，从外部提供 200 亿美元对拉美进行援助，以使拉美国家在现代化的道路上起飞。为什么？有学者认为：第一，美国对拉美的经济援助基本上是一种战略工具。第二，援助所捆绑的条件、援助与双边关系中其他问题的挂钩，使美国资本得到实惠，从长远来看，援助更多地增进了美国而不是拉美国家的经济利益。[③]

曾任世界银行首席经济学家和克林顿经济顾问主席的斯蒂格利茨，于 2001 年专门发表了一篇论述西方援助问题的文章——

---

① 瓦尔登·贝罗等著：《黑暗的胜利：美国、结构调整与全球贫困》，普罗多出版社和粮食与发展政策研究所合作出版，1994 年。作者在该书中认为，西方对第三世界国家的援助政策是“第三世界命运的逆转”。

② 马也：《历史是谁的朋友》，中央民族大学出版社 2003 年版，第 427 页。

③ 郭拥军：《试论冷战时期美国对拉美的经济援助》，载《拉丁美洲研究》2002 年第 3 期。

《一个冰凉的世界——国际货币基金组织带你去地狱的四个步骤》[1]。他说，西方举起援助旗号所导引的走向地狱之路的第一步就是私有化：这种援助下的私有化往往有它既定的目标，即私有化给西方国家。英国《卫报》曾经把这种援助直接称为“暴露无遗的贸易掠夺行为”。该报举了个例子，说英国国际开发事务部曾直接告诉加纳，如果想要获得一项水利工程的援助资金，就必须实现水利行业私有化，把水价提高到两到三倍，把这个行业出售给英国、法国或者美国公司。[2] 第二步就是执行国际货币基金组织和世界银行的“拯救经济计划”即资本市场自由化：这样就有利于资本在全球范围内以不动产或货币形式进行投机活动，资本尤其是金融资本在某些国家的投机行为可以导致这些国家的储备在几个小时、几天内就流干。第三、四步就是价格市场化和贸易自由化：在价格市场化方面，斯蒂格利茨讲到他在世界银行任期内的一件亲身经历的事情。他说，世界银行和国际货币基金组织“命令”埃塞俄比亚把援助资金存入美国的储备账户，利率少得只有可怜的4%，同时却必须以12%的高息借美元为他们的人民购买粮食。这笔钱就这样被抢夺进了美国财政部的保险柜。在贸易自由化方面，斯蒂格利茨把这种世界银行和世界贸易组织统治下的自由贸易比作鸦片战争。他说，与19世纪一样，欧洲人和美国人在亚洲、非洲和拉丁美洲到处冲破壁垒打开市场，却阻碍第三世界的农产品进入他们的市场。鸦片战争中，西方用战争来推行他们的不平等贸易。今天，世界银行和国际货币基金组织使用是金融和财政手段，效果更甚前者。

在西方主导的国际秩序中，西方对第三世界的援助，无论是

---

① ［美］约瑟夫·斯蒂格利茨：《一个冰凉的世界——国际货币基金组织带你去地狱的四个步骤》，载英国《观察家》2001年4月号。

② 《暴露无遗的贸易掠夺行为》，载英国《卫报》2001年11月6日。

作为市场力量，还是介入了各方面的勾结和非法行为，对受援国产生的自然结果就是，援助金常常又进入那些非常富有的人们——包括西方资本家和当地的官僚资本家的私囊。有一项截止1998年3月的有关国际货币基金组织所谓“结构调整计划”对最不发达国家作用的研究。这项研究对非洲的分析简直使人不寒而栗。从1991年到1995年，按照这项计划得到援助的非洲国家人均国内生产总值年增长为零，外债总额在国内生产总值中所占比例由1985年的71%增加到1995年的88%。其中撒哈拉沙漠以南国家人均收入下降0.3%。而没有接受这项计划的国家，国内生产总值却增长1%。[①]

冈纳·缪尔达尔在《世界贫困的挑战》一书中一段引文很能说明西方援助的本质：

一团语义的阴云笼罩在美国援助计划的上空，使人难以看清其庐山真面目。

大部分美国援助不是礼物，而是正在偿还的贷款。

几乎所有这些（贷款）都被用来在美国买美国货。这样帮助美国工人创造了就业机会，为美国的制造业及其股东带来了利润，替美国政府提供了须纳税的收入，让美国在与拉美的国际收支中获得了顺差。[②]

即使出于这样的动机，西方的援助还是那么如此之少。就是如此之少的援助，相当部分甚至绝大部分又通过各种途径回到西方手中。就对外援助项目来说，用于外国专家、顾问的费用，往往占到援助总额的60%以上。更不用说还有设备、商品的出售和连带的其他效益。法新社1993年9月19日的报道披露，美国

① 马也：《历史是谁的朋友》，中央民族大学出版社2003年版，第439页。

② ［瑞典］冈纳·缪尔达尔：《世界贫困的挑战》，北京经济学院出版社1991年版，第301页。

外援资金的75%被用于购买美国生产的食品、设备和支付援助人员的工资。美国每提供1美元的援助，则可以得到4美元以上的出口效益，第三世界国家每年购买2000亿美元的美国出口商品，就为美国创造了400万个就业机会。[①] 英国《卫报》1991年12月30日报道，根据对英国政府的一份年度报告中公布的数字所进行的分析表明，发展中国家支付给英国的借债利息将远远超过它们从英国得到的援助。1990年，英国通过海外发展局向国外提供的援助为14.8亿英镑。向第三世界提供的其他官方援助为3.61亿英镑。私人出口信贷为0.85亿英镑，直接投资总共为15亿英镑。志愿机构提供的援助为1.84亿英镑。但是从第三世界国家流入英国银行的纯资金则为61亿英镑。诺贝尔奖获得者——经济学家廷木根更一针见血地指出："在将一切计算在内的条件下，如果第三世界每年从西方拿到5000万美元的援助，将要付给西方1000亿美元。"[②] 如此"援助"第三世界国家简直就是欺世盗名。

二、援助名义下的生态侵略

西方援助对第三世界国家来说不是"天上掉馅饼"，而是附有一定苛刻条件的。

西方的援助无非就是捐赠和贷款。捐赠的大多是本土过剩、过期、有毒或污染环境严重的商品，贷款却大多是高利贷。2002年阿根廷总危机爆发时，为了得到美国和国际货币基金组织的援助款，总统杜阿德为迎合美国政府和国际货币基金组织提出的苛刻条件而向它们提交了一个包括14点内容的《政府经济计划》，

---

① 《从世行做广告说起》，载《人民日报》1995年6月2日。

② 玛尼卡·甘德汗：《第三世界的污染是人口压力造成的吗》，引自《中国环境报》1991年11月2日。

结果换来的是什么东西呢？阿根廷海关关长内韦斯说，那是一些装有物品的集装箱，箱里“运来的东西都是垃圾，里面有带血的衣服、带粪便的裤子、长着霉菌的饭锅和过期的食品。”① 援助，不管是捐赠还是贷款，几乎现在都与西方的出口连在了一起。冈纳·缪尔达尔认为，把援助与出口连在一起，意味着减少受援的不发达国家以最优的价格购买最合适的商品的自由。据不同的估计，在价格方面的花费却提高了20%到40%。②

第三世界国家对其援助的“报偿”就是成为西方有毒工业废弃物的堆放场地和有害工业的扩散地，就是全面私有化。仅1986年至1988年，西方向第三世界国家倾倒有毒垃圾就有600多万吨。《人民日报》1993年11月9日的一篇记者文章《警惕污染转嫁》报道，说与美国接壤的墨西哥成为美国的最方便的垃圾场，墨西哥的新河已发现100种有毒和致癌化学物。按哥伦比亚广播公司著名节目主持人比尔·莫伊尔的话说：“世界最富有的国家正把大量有毒废弃物送给别国处理，给世界上穷人的肩膀上再增加一分重担。”

援助直接导致地区种族冲突不断，战争连绵。战争对环境的破坏是极大的，甚至超过资本的任何商业性活动。20世纪90年代以来，非洲成为以美国为首的西方援助的重点，结果变成了重灾区，闹得种族主义恶性膨胀，武装冲突烽火四起。西方各式先进武器烧毁了战事国的森林、烧焦了本来贫瘠的土地。第三世界受援国成为西方新式武器的试验和演练场。

少得可怜的援助很少或根本就与第三世界国家的环境无缘。

---

① 《关于一个装有美国对阿根廷圣安娜居民的捐助物品的集装箱的争论，变成了一个国际事件》，载西班牙《起义报》2002年11月23日。

② ［瑞典］冈纳·缪尔达尔：《世界贫困的挑战》，北京经济学院出版社1991年版，第301页。

英国学者 N. 希尔德亚德的一篇文章，说出了一个秘密[①]：少得可怜的环境援助资金被用来解决所谓“全球共享的”大气层和生物多样化问题，而直接关系到第三世界人民生存的土壤沙漠化、毒性垃圾和农药污染、水土流失这类紧迫问题，却无人问津。换句话说，当援助资金用于第三世界国家的时候，西方发达国家考虑问题的焦点仍然不是拯救环境而是实现自身的利益，或者竟是更险恶地破坏环境。这篇文章列举了尼泊尔和刚果的例子。在尼泊尔，西方力主修建河伦河谷水电站，尽管它将加剧毁灭当地的多种生物。在刚果，一项由世界银行投资、以伐木为目的的国家资源规划，竟在环境保护区剥光河畔的植被而对伐木狩猎和殖民地开拓者完全开放。

希尔德亚德在《绿色环境资金的威胁》一文说得非常干脆，他说，关于环境资金的使用和“环境议程”的实施，不过是以环境保护的名义把投资国利益强加给世界，“发达国家从始至终操纵着一切，以确保该项资金不仅在其控制下，而且用以成全其自身的利益”，“世界银行是法官、陪审团和执行者”和货真价实的“金融恶霸”。

三、世界银行与国际货币基金组织的反生态性援助

世界银行和国际货币基金组织在跨国公司和新闻媒体的帮助下，对第三世界国家进行着血腥的剥削。它们代表的是国际金融巨头和西方发达资本主义国家的利益。这种利益与第三世界国家人民的利益是根本对立的。世界银行与国际货币基金组织对第三世界国家的援助是反生态、助贫困的。

专门为发展中国家提供贷款的世界银行，实际上就是在为以美国为首的西方发达国家在发展中国家的投资铺平道路、降低风

① 《绿色环境资源的威胁》，英国《生态学家》1992 年第 5 期。

险。比如说，智利是世界上铜的主要生产基地。智利的铜是由美国的阿纳康达铜业公司开采。但是，铜矿石出来要经过公路、铁路才能运到港口，这公路、铁路谁修？阿纳康达公司不出钱，让世界银行出。这样，听上去智利得到了世界银行的贷款，其实是阿纳康达铜业公司得了好处。西方国家在第三世界国家大量修路、开矿、筑水坝、建核电站并不是完全为了发展当地的经济，更多地是为了掠夺那里的资源和剥削那里的人民。

世界银行首席经济学家拉·萨莫斯，在1992年提交的《世界发展报告》备忘录中曾露骨地认为，“世界银行应当鼓动更多的‘肮脏产业’转移到欠发达国家，理由是：第一，南方国家人的平均寿命低和收入低，由疾病和过早死亡造成的生产和收入损失较低。第二，那些还没有被污染的国家比北方国家有更多的容纳有毒工业废弃物的环境容量。北方国家面临的环境压力已经十分沉重，污染的边际附加费也极其昂贵。第三，穷国环境受到破坏时，其费用估价并不很高。”①

成立于1945年12月，专门替发展中国家“扶危济困”的国际货币基金组织，总部就设在华盛顿，距美国财政部仅几百米之遥。美国凭借着其所占份额的优势至今还拥有对国际货币基金组织的种种基本决定的否决权，国际货币基金组织依然有着很浓重的美国色彩。实际上，它就受美国的领导。虽然今天该机构的资金得到一定合理的重新分配，即美国的份额下降到17.4%，英国下降4.96%，德国6.15%、日本6.15%和法国4.96%。②

殖民政策、新自由主义理念下的全球化导致发展中国家的市

① 转引郑易生：《环境污染转移现象对社会经济的影响》，《新华文摘》2002年第7期，第56页。

② 《成立60年的国际货币基金组织依然有着很浓重的美国色彩》，法国《回声报》2004年6月30日。

场被西方所占领、资源正被西方野蛮掠夺或以低价开采，导致这些国家的贫困越来越深、债务越来越重，进而出现货币金融危机。这样一来，国际货币基金组织就有事可做了。它带着一枝干瘪瘪的橄榄叶和一揽子拯救计划，到处给出现危机的国家实施贷款并开出“治病”的药方，条件是该国必须以经济主权作为抵押。西方的目的无非就是希望通过这种方法，渐渐地把世界各地的资源都控制在自己的手中，各国的市场都成为它们的各种产品的自由市场。

日本有一外相明确提出，它们援助非洲的五原则之一，是必须通过世界银行和国际货币基金组织。这两个国际金融组织何以享有如此殊荣，也是一个饶有趣味的问题。西方发达国家在这两个机构中股份最大，权力最大，操纵其间，纵横捭阖，任务正在于解决过去完全靠兵舰和马刀才能解决的问题。所谓对第三世界的援助，包括用于环境项目的援助到底是怎么回事，它们就是一面镜子。比如，国际货币基金组织和世界银行施压并以偿还所欠国际债务为要挟，要求印度把水私有化并把水权出售给这两家金融机构认定的水业跨国公司。其结果是，原来由当地控制的供水及灌溉系统已逐步被对宝贵的水资源的商品化和滥用所取代。水资源私有化的性质之改变是全球环境和人类生活质量不可逆转的损失，这种现象不仅仅发生在印度，而且也发生在越来越多的其他第三世界国家。① 有关世界银行与国际货币基金组织如何参与在第三世界国家伙同西方垄断资本掠夺第三世界国家资源，第三章将有详细的论述。

难怪英国《国际关系》1993 年第 4 期的一篇署名 M·金的文章，就世界银行在环境和贫困问题上向穷国提供援助贷款条件的

① ［加］莫德·巴洛、托尼·克拉克：《蓝金》，当代中国出版社 2004 年版，第 83 页。

事实指出，这是“新殖民主义的表现之一”。关于这种援助的基本方针，德国《经济周刊》1993 年 8 月 27 日的一篇文章虽说得有点刻薄，但却很坦率：

世界银行、国际货币基金组织和由北方派出的发展援助人员，多年来一直支持第三世界国家继续保持原料出口的方针。鉴于他们面临的债务危机，这些策划经济开发的谋士们主张不惜一切代价地推动原料出口，使他们成为世界经济中注定的弱者。

在纪念世界银行成立 50 周年之际，1994 年 3 月 21 日的美国《商业周刊》刊载一篇评论环境问题专家布鲁斯·里厅的新著《拿地球作抵押》的文章。文中说，该书尖锐地批评世界银行 50 年的援助贷款历史，指出它同一些国家政府结成具有破坏作用的联盟，以进步的名义，大肆劫掠自然资源，使千百万人陷于贫困，它一直是“进行一场对人类丰富多彩的文化和地球生态环境不利的无声战争的主要罪犯”。文章还说，1989 年世界银行对 82 个多数在 1975—1982 年批准的农业工程进行了研究，有 45%的工程没有达到目标。从泰国到巴西，大水坝、高速公路和出口型农业工程使几百万穷人和部落民族衣食无着，并使生态环境遭受巨大破坏。1947 年以来仅印度的开发工程就使 2000 万人流离失所。美国《波士顿环球报》1994 年 7 月 14 日发表的《世界银行和国际货币基金组织宣告失败，穷人为之付出代价》一文，就多少带有总结的意味了：50 年来的大量证据证明，这些机构不是在帮助第三世界国家。它们所持的项目和实行的政策，大大加剧了全球的贫困和债务的增加，所从事的开发工作是不民主、不公正和危害环境的。

第三章　两个案例

人类要发展，资源是基础。这里的资源是讲自然资源，按《大不列颠百科全书》的定义，它是指："人类可以利用的自然生成物以及这些成分的环境功能"。主要指与地理环境相关的土地资源、水资源、气候资源、生物资源和矿产资源，这几大资源和人类的生产与生活息息相关。其中土地资源和生物资源属于可再生耗竭性资源，矿产资源（如石油与天然气）属于不可再生耗竭性资源，水和气候资源属于易于受到污染的恒定性的非耗竭性资源。在当今西方主导的全球资本主义体系中，面对这些恒定的和耗竭性的资源以及自己的生产与生活方式，为保自己的环境安全和永续发展，只有一方面尽量保存本土的资源，另一方面尽量去劫掠其他国家的资源。就拿石油和水资源来说，由于石油是西方经济的血液和生命线，水是每个人的重要组成部分和生命线（人的70%重量是水），石油与水既可成为制于人的武器又可成为受制于人的工具。于是，西方与第三世界国家之间、西方国家之间以及第三世界国家之间不断地演义出一场场的"争夺资源——导致战争——破坏环境——争夺资源……"恶性循环的人间悲剧。西方国家之间的资源争夺之地主要在第三世界国家，第三世界国家之间的资源争夺也多与西方资本主义生产方式和生活方式有关，有的甚至是西方国家的直接或暗中的参与。归结起来，实质上都是西方与第三世界国家之间的发展问题。所以说，第三世界国家的发展问题是个大课题，它牵涉到经济与社会、资源与环境等各种因素。本章主要以能源石油和水资源为案例来分析资本主义制度的不可持续性和第三世界的发展状况。

第一节　案例1：石油——资本主义不可持续的指示器

对资源的资本主义利用问题，马克思恩格斯早就意识到了：资本主义一直就是把自然当作资本运作的出发点而不是归宿点，资产阶级在生产、分配、交换和消费过程中必然导致资源的过度消费、大量的废弃物以及严重的污染。恩格斯说过，在对待自然方面，资本家进行生产和交换只是为了直接的利润，他只会去注意最近的、最直接的后果。

作为西方经济繁荣和国家力量象征的石油，正变得比以往任何时候都显得重要。从经济学上讲，石油应该是属于“稀缺性的自然资源”，这种“稀缺性的自然资源”在资本主义的生产方式下，根本得不到绿色开发、合理的节约使用以及和平使用。然而，在全球化的资本主义积累过程中，石油资源日渐减少，世界需求不断递增，照这样下去，资本主义发展趋势是不断步入资源危机，最后走向自我毁灭。

资本主义制度下的资本与环境的矛盾是无法解决的。石油在资本主义生产方式的开采、提炼、使用中给人类带来了环境的破坏，因争夺石油而导致的战争给人类带来的环境破坏就更严重。发达资本主义国家意识到了资源危机并幻想通过对全球经济进行结构调整来延缓或解决。这明显是在作最后挣扎，因为，这种调整同资本主义所提出的可持续发展下的全球环境保护一样是远景暗淡的。

一、石油资源与资本主义

结合资本主义发展史来看石油发展的历史，可以发现，西方经济的发展与石油的使用是密不可分的，它们之间是一种正比关系，而与石油的储量又是一种反比关系。西方经济的今日繁荣就是建立在石油之舟上，但是，当石油达到它的最高开采极限量而走向衰竭时，也就是西方经济开始走向没落之际。

在经济与科学技术的互动发展下，石油的用途和作用，不管是在民用还是在军用方面都得到大大的扩展，从而使人们的物质生活水平、消费层次得到大大的提高。在民用上，大量的石油下游有机产品已深入到了人民群众的物质生产和生活中去了。比如说，石油把人们带进了一个“聚合物时代”，聚合物即人工合成的高分子化合物，这东西既轻便又耐用，有的甚至还硬过钢铁。我们使用的塑料、做衣服的丙纶和腈纶、人造革、电线外皮、板材、管道、家电部件、电子零部件、各种箱包，等等，都是聚合物。无机产品也关系到人们许许多多的生活和生产用品，如农业用的尿素、工业用的硫和蜡等。在军用上，石油不仅是飞机、战车、军舰等战争工具的燃料来源，而且成了航天航空、军事机械、化学等与军事有关的产业的重要原料。

石油经济的发展给人们带来了生活质量的提高。新式的汽车、宽敞的住宅、高功率的空调设备的拥有成了现代人高质量生活的一种标志，这种“病态”的生活方式却成了世人所追求的梦想。就说机动车，它是给人类的生产生活带来了极大的便利和舒适，但它也是无情吞噬石油资源的无底洞。目前，汽车使用的汽油约占全球汽油消费量的1/3。美国、加拿大、日本和西欧地区生产的汽油还不到全球供应量的1/4，但他们每年合计消费的汽油却远远超过世界汽油产量的一半。全世界的汽车保有量已超过6亿辆，全世界每千人拥有汽车116辆。其中占世界人口不到1/5的富有人口却拥有87%的车辆。全世界的汽车保有量以每年3000万辆的速度递增着，预测到2010年全球汽车量将增到10亿辆。但全球有限的石油也基本上在以近似相同的速度减少。更严峻的是，西方经济对石油的需求量还在一直攀升。据2004年美国能源部情报局发表的一份最新报告预计，未来20年，美国能源市场将更多地依靠进口原油，美国原油日进口量将达到2000万桶。到2025年，美国对进口石油的依赖将从2003年占美国石油市场总需求量的54%提高到70%。1980年进口石油占37%，1990年占42%。[①]据估计，到2020年全球石油需求将从目前每年290亿桶增加到420亿桶。[②]

石油成为西方经济乃至整个世界经济的发动机，仅西方国家就消费着世界石油产量的75%，所占的比重远远高于第三世界国家。具体考察1994年美国的国民生产总值（GNP）与人均石油消费量之间的关系就完全可知，当时号称世界经济巨人的美国人均石油消费量高达7819公斤，而在人均GNP仅240美元的孟加拉国，人均石油消费量却不足64公斤。[③] 今天，美国每年人均消费石油26桶，中国只消费1.8桶，印度甚至只消费0.9桶。然而大自然是不会因为这一点而把石油资源集中深埋在西方世界，恰恰相反，世界上的65%以上石油分布在环波斯湾地区，再加上亚非拉的其他地区，第三世界的石油储量恐怕要超过85%以上。石油在地理分布上的不均衡，使得西方经济不得不严重依赖着第三世界国家尤其是中东地区。

因此，西方发达国家政府从来就没有把石油当作一个纯资源、纯国际贸易的问题，而是把它视为国家安全问题。西方国家通过国际石油垄断公司来实现自己的安全政策。石油既是西方经济的血液，又是西方国家安全的前提和保障。“谁占有石油，谁

① 《未来20年，美国石油进口将大幅度增加》，沙特阿拉伯《生活报》2004年1月6日。

② 《战争的根源》，德国《明镜》周刊2004年5月24日。

③ 世界银行：《1997年世界发展报告》

就占有了世界，因为他可以用柴油统治海洋，用高度精炼的石油统治天空，用汽油和煤油来统治陆地。除此之外，他还能在经济上统治他的同胞，因为从石油中他可以取得意想不到的财富。石油这个奇妙的东西在今天比黄金更吸引人，也比黄金更为可贵。”①

于是，已基本上消耗完了本土石油资源的发达资本主义国家，为了国家的安全和基于所谓的国内“环保”，把仅剩的少量未开采的地下石油备而不用。西方国家大量地从第三世界国家进口原油储备以防不测。据沙特《中东报》1999 年 4 月 16 日一文报道，美国政府极为重视石油战略储备，现储备已达 6 亿桶，并打算把这种储备至少保留到 2025 年。像美国一样，德国也已经从 1973 年的石油危机中吸取了教训，并事先做好了准备。德国《星期日法兰克福汇报》2003 年 3 月 9 日的一篇文章说，即便从今天开始不再进口石油，我们储备的石油也够用 90 天。如果世界石油供应量减少 5%（这种情况几乎不可能出现），我们的储备也能够坚持 5 年。②为了获得更多的石油资源，美国可谓是绞尽脑汁。华盛顿为了企图将亚马孙地区及其丰富的自然资源占为己有，大约 70 年前，就在美国石油大亨洛克菲勒家族的操作下，秘密地开始实施此野心计划。洛克菲勒网络一群高水准的研究人员绘制了一组地图。这组地图虽然简单，但在有关南美洲和亚马孙热带雨林部分却非常精细。研究人员在地图上特别标识了各种自然资源，尤其是石油、水和矿物质的地理位置和精确储量，以便成为石油集团洛克菲勒继承人和美国政府日后实现他们占有亚马孙计划的重要依据。有一些民间团体警告说，今天他们占领的

① 哈维·奥康诺：《石油帝国》，世界知识出版社 1958 年版，第 256 页。

② 《石油和战争以及战争和石油有什么关系》，德国《星期日法兰克福汇报》2003 年 3 月 9 日。

是石油，明天是水，将来就是所有的东西。因为美国的侵略政策“是没有界限的，是一个持续的事实，将对我们的主权造成长久损害”。“自80年代中期开始，美国就开始控制亚马孙地区，以‘拯救’这片被人们称作‘地球之肺’的热带雨林，避免其被8个‘粗鲁的国家’包围，并将这里引向灭亡”。这些话被编写在美国初中地理课本中。教科书中提到，亚马孙热带雨林位于南美洲，这是一片被8个“奇怪的”、“不负责任的”、“残暴的”和“专制的”做毒品交易的国家所包围的世界上最贫困的地区之一。于是干脆另外绘制了一张地图，图上的热带雨林和沼泽地被删除了，被单方面称作亚马孙森林是第一片国际保留地，并被标上了“由联合国和美国共同管理”的记号，称这是整个国际社会的共同财富。①

石油是西方经济的润滑剂，同时也充满了政治爆炸力而往往成为战争的起因。更何况，军事、政治与经济在帝国主义与资本主义的各阶段总是错综复杂地交织在一起的。比如，作为世界最大的石油消费国及西方工业帝国中心的美国对中东的过分关注，最重要的考虑因素就是石油。美国自己的已知石油储量只有世界的2%，但每年却要消耗世界产量的25%。石油成了美国帝国主义最大的政治，它不仅给大公司带来直接丰厚的利润，还渗透到了美国整个社会的机体，成了国家安全的一大隐患。这就使得它要尽力控制石油的供给面，尤其是中东。正如右翼评论员，耶鲁大学教授奴·凯跟所说：“我们的经济困难，常是由于石油供应中断而引起，如果我们在伊拉克驻有军队，则可保证石油供应的不

① ［美］雅内特·贝塞拉·阿科斯塔：《亚马孙：美国垂涎的宝地》，墨西哥《千年报》2004年5月30日。

被中断。”[①] 因此，为了保障石油的持续供应，就必须要有强大的军事后盾。从小布什上台至今，美国已基本形成了一个以能源需求为主要因素的 21 世纪“新地缘政治”。“地缘政治”是 19 世纪末期的一种提法，主要是指超级大国之间为了控制土地、自然资源、重要战略地理位置等的竞争。自罗斯福时代以来，地缘政治战略一直主宰着美国的政治思想倾向。为了能源而爆发的战争历来存在，但自资本主义工业革命以来，它的规模、范围、程度呈现出越来越大的趋势。20 世纪爆发的战争多因自然资源尤其是石油而起。

为了争夺石油，西方发达国家之间、西方世界与第三世界国家之间以及第三世界国家内部之间经常大打出手。经过第一次世界大战能源重要性的演练，西方开始对石油予以高度的战略重视。对于一战后美国与英国在全球所有产油的地方进行着殊死斗争的原因，斯大林的总结可谓一针见血，他说：“这是美英两国之间的斗争。因为石油问题是生命攸关的问题，因为谁拥有更多的石油，谁就能在未来的战争中占指挥地位；谁拥有更多的石油，谁就能指挥世界的工业和商业。自从各先进国家的船只改用马达来发动以后，石油就成了世界列强在平时和战时争夺优越地位的命脉了。”[②] 日本作者柄奇英一在其《石油与现代战争》中认为，第二次世界大战爆发的一个重要原因就是德国垂涎高加索和中东的石油，日本觊觎东南亚的油气资源。同理，日本和德国投降的原因之一也在于石油燃料的短缺供给不上而导致战争机器的停止。他说，当时德国在进攻苏联时只备有 3 个月的燃料，柴

---

① 《伊拉克，石油，与美国独霸天下的美梦》，载美国独立社会主义刊物《每月评论》2002 年 12 月号。

② 斯大林：《中央委员会的政治报告》（一九二五年十二月十八日），《斯大林全集》第 7 卷，人民出版社 1958 年版，第 230 页。

油只够使用1个月。在前苏联斯大林格勒被苏军包围的德军第6军只有能行驶20英里的燃料，而要冲出包围圈必须拥有能行驶30英里的燃料才行，最后不得不向苏军投降。

由于西方发展越来越明显地接近能源饥饿，由于中东石油65%的巨大储量，西方大国不断地把目光聚焦在此地。它们非常明白：谁掌握了中东石油，谁就能长期决定世界经济的调子。于是，控制石油资源就成了西方的主要战略任务。美国前参谋长联席会议主席威廉·克罗上将把话说得非常直白，他说，1990年如果科威特只是出口香蕉而不是石油，那么美国就不会花如此大的气力去保卫它，如果美国的最高行政长官没有找到新的石油来源，那么他就没有尽到责任。[①] 1975年，美国为保证中东的石油安全，打压着伊拉克的激进民族主义，支持伊朗夺走伊拉克的海湾港口通道。而当霍梅尼上台后，又暗中支持伊拉克反对伊朗这个更为激进的民族主义国家，并因此而引发了二战后持续时间较长且损失较重的两伊战争。结果，8年的战争不仅造成了邻国极大的损失，就两国的直接经济损失就达5400亿美元以上，使两国的国民经济倒退了20－30年。[②] 这就是马克思说的资本逻辑使然，这就是以美国为首的西方为了一己私利而敢践踏人间一切公理、牺牲其他人类的一切利益的霸权与强权，这就是国际垄断资本的本性。类似情况不胜枚举。凡在有石油储藏的地方，西方国家都试图通过大规模杀伤性武器或咄咄逼人的外交提出开采石油

① 《石油：联系美国和非洲的产物》，载新加坡《海峡时报》2003年7月15日。
② 刘竞主编：《中东手册》，宁夏人民出版社1989年版，第355页。

的要求：在海湾、在里海、甚至在西非①。

为了消除世界石油储量的不断减少和亚洲尤其是中国对石油需求的大幅度增加对自己发展的影响，由跨国石油公司支持的美国战略和国际问题研究中心出台了名为《21世纪能源地理政治学》的报告。报告指出，今后20年，中东石油对于全球能源供给愈加重要，这将要求美国在海湾和油轮前往亚洲市场必经的"咽喉点"附近保持较强的军事力量。报告还说，这"既能为出口国和进口国带来合作的机会，也可能在二者之间制造矛盾"，从而可以渔利其中。② 于是，为了控制中亚、中东和西非的石油，美国利用"9·11"事件大做了一系列文章。先是在阿富汗主权国家狂轰滥炸，推翻塔利班政权，进而驻军中亚各国，达到了既从政治上挤压俄罗斯的生存空间又可方便地染指里海的石油，同时还对中国的西线能源战略构成重大威胁的"一石三鸟"的目的；尔后，以大规模杀伤性武器为由再次强暴了伊拉克人民，推翻了萨达姆政权，并想建立一个亲美派的傀儡政府，完了又在打伊朗的主意，因伊朗北临里海、南濒波斯湾，因而战略价值极高；为了保证石油供给的多样化，美国开始对一度冷落的非洲特别钟情，不过钟情的只是西非几内亚湾的几个国家的石油资源。美国送去的"聘礼"是军事基地，回收的"嫁妆"是丰富的石油。美国在西非石油问题上的过分热情导致欧洲方面的极为担心。西非原本是西欧的传统利益所在，现却遭到美国的蚕食，欧

① 法国《世界报》2001年4月3日文章认为，西非的探明储量仅次于中东，名列世界第二，其中几内亚湾巨大的石油储量估计有800多亿桶。文章还说，自2000年哈萨克斯坦意外地在里海附近发现了卡沙甘油田后，里海成为全世界最为关注的地方之一。美国人估计该地区的石油储量在900亿桶到2000亿桶之间，比较谨慎的欧洲人估计在500亿桶到1000亿桶之间，具体的储量还没有明确的数字。

② 《有关方面担心，亚洲能源需求可能引发战争》，载泰国《亚洲时报》2001年2月17日。

盟委员会主席普罗迪在2003年7月11日法国《世界报》上明确提出，欧洲应对非洲承担责任。可见，西方国家永远就是把第三世界国家视为自己利益所在和争夺之地，总是把第三世界国家视为历史的“客体”。可是，历史是由包括第三世界国家在内的绝大多数人类所创造的，西方的这种逆社会发展规律而行的行径终究会被历史的车轮所碾碎。

第三世界国家丰富的石油资源有时竟成了国家的祸根。对第三世界国家来讲，石油的发现确实能给发展带来一定量的资金，换取一些其他必需的生产和生活要素。但是，“祸兮福所倚，福兮祸所伏”，因为石油公司都是西方垄断资本所控制，国际垄断资本是只管当前最直接的利润，不管石油生产的后果。为了开采石油，农民被驱逐而丧失土地，因无技术而遭受失业，得到一点点好处的是当地的政府官僚。本国资源不能造福于本国人民而成为西方的摇钱树，人民没有自己劳动的权利甚至失去家园和生存的起码条件。这就是石油的国别歧视。委内瑞拉是拉丁美洲最大的石油生产国，1811年7月5日独立，1830年建立共和国。委内瑞拉开发石油的历史悠久。19世纪末美国石油资本开始进入委内瑞拉，从此委内瑞拉国家和人民的灾难不断。为了控制、掠夺委的丰富石油资源，美国石油资本一踏上委内瑞拉国土，就肆无忌惮地侵犯委内瑞拉的主权并粗暴地从事颠覆活动。不断地明里暗里支持反政府势力企图推翻于他们不利的政府，甚至公开施展炮舰政策，把舰艇直接开到国门口进行武力威胁。直到今天，美国还一直在想颠覆查韦斯政权。

西方国家的利益是通过跨国公司来实现的，它们共同分享着来自第三世界国家惊人的掠夺品。跨国石油公司在国家机器的帮助下，渗透到世界的每一个角落。洛克菲勒生前在他的《回忆随笔》中道出其中的秘密，他说：“给我们最大帮助的，就是华盛顿的国务院。我们的大使、公使和领事们协助我们开辟了通往新的市场的道路，这种市场一直伸展到世界上最遥远的角落。”[①]除了来文的，还来武的，比如英国石油公司在哥伦比亚政府的支持下雇用了一支5000人的军队保护其油田，这支部队经常暗杀、绑架和拷打反对开采活动的居民；英国特尔福德公司竟然利用武装在厄瓜多尔一个自然保护公园内开采石油。[②]

哪里有压迫、有剥削，哪里就有反抗。哈维·奥康纳在《石油帝国》中对墨西哥于1938年对美国在墨的石油公司进行国有化的原因分析时一针见血地指出：“促使1938年国有化的原因是：为了外国资本家利益而对这个国家自然资源20年的横暴剥削，对这个国家的政府和人民毫不留情的侮辱，对墨西哥宪法、法律和税收措施的存心蔑视，对内政的一贯干涉，对联邦和各州官员的不断行贿和教唆，对武装暴乱的资助和在石油区维持一支‘白人警卫队’。”[③]对抗西方石油垄断公司最有力的就是石油输出国组织。作为产油国却无权制定油价，油价完全由西方尤其是美英的石油巨头所控制。这样，西方石油巨头就可以方便地利用低石油标价来向东道国政府交纳矿区使用费和石油税，利用高市场价格来盘剥石油利润，价格的一低一高就把石油的利润尽揽囊中。这严重影响到产油国政府的收入。面对如此现实，委内瑞拉率领第三世界产油国于1960年9月10日，在巴格达成立了一个专门对抗西方石油垄断资本的国际性产油国组织——欧佩克，并成功地抗击了西方石油资本的垄断：冻结了石油巨头单方面定价的“管理特权”，实行对西方的石油禁运——这些标志着第三世界国家继民族独立运动后，在维护民族利益和国家主权的斗争

① ［美］彼得·柯利尔、戴维·霍罗威茨著，劳景素译：《洛克菲勒王朝》，上海译文出版社1982年版，第26页。

② 《石油公司掠夺第三世界资源》，西班牙《起义报》2001年7月4日。

③ Harvey O’Connor: The Empire of Oil, Monthly Review Press, 1955, p.314.

中，又一次取得了了不起的成就；标志着一百余年来西方石油垄断资本统治世界石油工业、任意宰割第三世界产油国的时代即将结束；展示着第三世界国家“团结就是力量”的真理性。委内瑞拉前总统贝当古在他的《委内瑞拉石油》一书中是这样评价欧佩克的成立：“1960年欧佩克在巴格达创建，是一个具有重大历史意义的事件。因为，在近代史上，在没有巨型舰队或空军中队或其他类型的武器、甚至没有大量财力的一批国家，第一次组成了一个反对西方大国和石油巨头的联盟。”①

西方国家为了经济的持续发展、国家的安全稳定，利用跨国公司，甚至动用军事力量控制与掠夺第三世界的石油资源。石油不仅是西方国家经济发展的“血液”，也是第三世界经济发展的“血液”。石油的被控制、被掠夺，引起第三世界的强烈抗争。

在西方资本主义主导的国际格局中，有限的石油资源加剧了世界局势的动荡，加剧了第三世界同西方国家的矛盾、西方国家之间的矛盾以及第三世界国家之间的矛盾。石油资源的资本主义利用还会造成严重的环境问题。这些矛盾与问题积聚在一定限度，就会像火山一样爆发，把全球资本主义体系“炸毁”。

二、石油资源与环境问题

大家清晰地看到：资本主义的现代文明，就是建立在能源的流动与运转的基础之上，是建立在石油之上的“空中楼阁”。资本主义社会主要的能源形式是矿物燃料。作为一种需要亿万年才能形成的不可再生性的资源，从历史来看，无疑对社会生产力的进步发挥了不可磨灭的作用，对资本的利润也不例外。西方发达国家视石油为“黑色的金子”、“工业的血液”，把石油视为保证

---

① Romulo Betancourt: Venezuela’s Oil, George Allen & Unwin (Pubishers) Ltd., 1978, p.38.

西方生活方式须臾不可或缺的物资。至于石油在其“生命周期”内所表现出来的那种对生态环境造成毁灭性恶果的事实，他们置若罔闻、漠不关心，因为这些根本不在西方垄断资本的视野之内，尽管石油对生态环境的极大破坏，比任何一种其他的单个商品所产生的影响都要广泛而且更具有破坏性。石油使人类付出了可怕的代价。石油成了工业革命后的资本主义资本和剩余价值实现的有力武器。就是石油，促使资本摆脱对人力的过分依赖并可强硬地对抗劳工运动；就是石油，才有塑料制品，进而促使资本弱化了对资本主义历史上最革命的金属产业工人的依赖；就是石油，才形成一个还在不断扩张的巨大汽车市场以及一系列的商品链市场；也就是因为石油，空气污染在加重、水污染在不断恶化、土地资源在日渐减少、局部战争在不断升级，等等。还有，地球温度的不断上升，石油也脱不了干系。

石油除了污染天空之外，还污染海洋环境。从1967年“托雷峡谷”号油轮在英国东南锡利群岛触礁泄漏大量的石油算起，[①] 至1989年“埃克森·瓦尔迪兹”号油轮在阿拉斯加威海峡触礁时止，共发生15起因油轮触礁、海上钻井出现井喷、撞船、油轮断裂、爆炸、火箭袭击引起的重大泄油事故，泄油总量达2294197立方米。[②] 另据报道，仅从1970—1990年，发生的油轮事故多达1000起，每年排入海洋的石油有1000—1500万吨，其中包括通过河流排入的废油、船舶的排入和事故溢油、海底油田泄漏和井喷事故等。世界上最大的原油泄漏事件发生在1991年海湾战争造成的石油倾泻。因油港油库破坏而流入海湾的原油多

① 1967年3月18日，12．3万吨的利比亚籍油轮“托雷峡谷”满载着11．7万吨的原油从波斯湾的科威特出发，向英国威尔士的米尔福德港驶去。途经英国的锡利群岛和地角之间的公海时，在七石礁处触礁沉没，船上9．19万吨原油溢出，污染了180千米长的海区。

② 路透社伦敦1997年1月12日电。

达100多万吨。海面漂浮着一层厚厚的浮油，海水几乎掀不起浪来，只能像泥浆般涌动着，发出汩汩声。波斯湾的海鸟身上沾满了石油，无法飞行，只能在海滩和岩石上待以毙命。其他海洋生物也未能逃过这场灾难，鲸、海豚、海龟、虾蟹以及各种鱼类都被毒死或窒息而死。专家们认为，波斯湾如果要恢复到污染前的状态，至少需要100年的时间。专家指出，1升石油倾倒在海洋中，到完全淡化大约需要消耗海水中40万升的溶解氧，而石油会在海面形成一层油膜，隔绝大气与海水的气流交换，并减弱太阳光透入海水的能量，这种耗氧和隔绝会导致海水严重缺氧，进而影响海洋绿色植物的光合作用，最后导致海洋生物大批死亡。

海湾是石油最丰富之地。石油给海湾经济带来一定的繁荣的同时，对海湾人民生存与发展的环境构成了潜在的威胁，环境污染事件时有发生。出入波斯湾的航线是世界上最繁忙的油轮运输线之一，由于油轮泄漏事件的不时发生，如今已成为世界上污染最严重的一条航线。20世纪80年代以来，不包括两伊战争和海湾战争轰炸油井所造成的污染，世界上15次最大的原油泄漏事件中，就有6次是在海湾地区。严重的环境污染不仅破坏了那里的生存环境，而且可能会使取得的经济繁荣因环境基础不继而倒退，甚至一蹶不振。

西方石油跨国公司在第三世界肆意地掠夺石油，破坏生态环境。2001年7月4日的西班牙《起义报》刊载了《石油公司掠夺第三世界资源》一文。文章说，“拿了石油就跑”这句话已经成了西方各大跨国石油公司掠夺第三世界资源的一句名言。它们跑掉之后，给第三世界留下的是无尽的灾难。跨国石油公司有自己的环境标准，但往往都是特别虚伪的。他们只对在自己国家的行为和事故承担责任，对在第三世界国家采取的粗放式生产方式和导致的事故则不负责，更不用说采取预防性环保措施。例如，石油钻井时任意破坏地表及其植被，无视在管道输送过程中被漏掉的大约10%或更多的石油对土壤及水资源的污染，等等。对于这些，跨国石油公司从来不做清除工作，更不给予必要的赔偿，因为公司对其开采活动没有任何清理废物和赔偿的责任。第三世界国家用石油换来的是：水源和空气的大面积污染，毁坏森林的情况令人发指，超负荷开采资源并造成资源枯竭，大坝毁坏，水土流失，爆炸等许许多多的事故。

跨国石油公司利用租让方式把第三世界国家的领土分割成一块一块，任意开发资源，污染当地环境。只要有石油，就一切都不顾。最初的活动是勘探，即开出上百公里长的地震沟，这些沟非常笔直，而且把上面的植物全部清除干净。在沟中定期进行爆炸试验，以此来获取石油储藏的数据。仅仅一次爆炸就可以杀死附近湖泊中的500多条鱼。不仅如此，他们还需要开辟直升机机场，以便运来机械和各种开采石油所需的设备。这种开采石油的先期行为就使大片面积的森林遭到毁坏，而且造成大量泥土流入河中，使河水泛滥。一旦发现石油，就要开始打钻井了，而打钻井需要用许多非常有害的化学物质，例如凝固剂、分解剂和降解剂等多种化工制品。这些化工产品在使用后同石油和水一起排放出来，储存在不作任何处理的水池中，或者直接排放到河流和湖泊中，造成严重的污染。这些水池中存放的有害污水，经常从下面渗透出去，或在大雨时节泛滥溢出。等到晒干之后，石油残渣留在土壤的表面，不仅使大片土地不能利用，而且这些颗粒对环境是极其有害的。

石油公司在第三世界国家的活动，简直就是对“健康环境”权利的绝对践踏，不管是自然环境还是社会环境。英国《观察家报》2001年3月11日文章报道，一家欧洲领导的大石油公司宣布，在尼罗河上游西岸发现了“优质的石油”。结果，苏丹政府为了获取尼罗河上游一带埋藏的石油，对生活在那里的平民实行了一场“焦土战争”。石油金钱使一场已经有200万人丧生的丛林冲突变成了一场无情的、机械化的镇压行动。“周围 8 万人只有舒特伊尔村的一所小学和诊所，现在你再也找不到该村的一点痕迹了。那儿再也没有房子、没有学校。它们都被捣毁后付之一炬。战争已经变成了经济上的掠夺，为的是获得石油。”政府的兴趣是这些被焚村庄下面的石油，这家欧洲公司的兴趣也是被焚村庄下面的石油，而最终得益的是在一旁虎视眈眈的外国石油公司。①

石油对环境造成破坏最严重的还属战争。在战争中，炼油厂、油库往往成了首选的重要打击目标。北约对南斯拉夫联盟的“空中打击”就是采用了这种行动的一个较为崭新的事例。英国《卫报》1999 年 5 月 17 日文章《联合国必须解决致命的战争遗祸》说，北约对炼油厂、化工厂的轰炸和石油外溢已经污染了多瑙河，水面上有 10 英里长的浮油，上空是有毒烟云。“鉴于北约轰炸的地区处在欧洲东南部广大地区的中心，鉴于塞尔维亚是欧洲地下水最大源泉之一，其危险程度的确是非常可怕的。严重的后果将持续几十年，将危及好多代欧洲公民。”希腊绿色和平组织的尼科斯·恰拉兰比季斯指出：“战争结束后各族人民和地区都将回到面临环境灾难的世界里。”

三、资本主义，不可持续发展

西方的这种石油经济走上了不归之路。石油在科技的推动下是给人类带来了巨大的进步，但这种进步是以生态环境的破坏和绝大多数人的贫困为代价的。对此，恩格斯曾经告诫过我们：“不要过分陶醉于我们对自然界的胜利。对于每一次这样的胜利，自然界都对我们进行报复。每一次胜利，起初确实取得了我们预期的结果，但是往后和再往后却发生完全不同的、出乎预料的影

① 《英国公司为战争煽风点火》，英国《观察家报》2001 年 3 月 11 日。

响，常常把最初的结果又消除了。”[①] 自然对20世纪的石油经济进行了报复。据美国世界观察研究所的一项报告估计，1996年全世界燃烧石油和天然气所产生的碳化物达61吨，创历史最高记录。就说汽车，它虽然加快了人类社会发展的新陈代谢，然而却耗竭着地球资源的生命。汽车不仅是消耗能源资源的无底洞，还是造成大气污染的一个严重移动污染源。从20世纪40年代美国洛杉矶发生的光化学烟雾事件以来，世界上很多国家的大城市都发生过由于汽车尾气排放而造成的严重的大气污染事件。

罗马俱乐部德国分部主席米夏埃尔·吉沙说，消费若保持在现有水平，则石油储量将只能够用43年。吉沙说，石油作为一种能源是没有前途的。[②] 英国《卫报》2000年3月2日刊登拉里·埃利奥特、丹·阿特金森和简·马丁森合写的题为《石油卡塔尔点燃了一根可能会使90年代的繁荣付之一炬的导火线》的文章。该文指出，经济的黄金时期再次被一路攀升的油价吞噬了。第四次石油危机的幽灵开始滋扰上个世纪90年代末安逸的因特网世界、无休止的经济增长。原油价格在一年之中暴涨了150%。已经有人警告："第四次石油危机"即将来临。[③] 美国《外交》杂志2001年5月号文章报道，在西方经济的带动下，全世界的石油使用量大幅度增长，即使在为提高能源利用率作出广泛努力的情况下，全球的能源需求每年一直以2%至3%的速度递增。在可以预见的未来，很有可能继续保持这样的递增速度。文章预言，提供满足消费需求的石油，将是今后10年的重大能

① 恩格斯：《自然辩证法》，《马克思恩格斯选集》第4卷，人民出版社1995年版，第383页。

② 德新社波恩1999年9月27日电。

③ 《石油卡塔尔点燃了一根可能会使90年代的繁荣付之一炬的导火线》，英国《卫报》2000年3月2日。

源挑战。[1]西班牙《世界报》2001年4月3日以一篇《出卖地球的总统》为题的文章，指责布什总统为了回报那些在大选中曾支持过他的企业，竟宣布不执行旨在减少温室气体排放量的《京都议定书》，而公然向环境保护宣战。美国加利福尼亚大学终身教授海因伯格最近出版了一本在美国引起了轰动的书《石油、战争、工业国家命运》。他说，西方工业国家如果不迅速改变生产方式，即从竞争变成合作，如果不从能源的无节制消费变成商品的限量生产，西方工业国家将迅速灭亡。[2]

尽管由于节能技术和替代能源的发展等原因使得西方发达国家的经济对石油的依赖程度有所降低，但西方石油消费总量还在不断增加。石油与西方经济的正比关系不会因某些新能源和新技术的出现而中断，除非资本主义生产方式被革除。就正如日本一学者所说的，如果中东产油国停止供给日本正常石油供应量的30%并持续200天，那么日本将有300万人死亡，70%的财富消失。[3] 西班牙《起义报》2004年1月11日文章报道，美国的一家研究机构提醒，如果西方生活方式与消费方式再不改变并到处蔓延的话，西方的发展将难以为继而且严重影响到穷国的发展。

西方国家很久以来就直接或间接地控制和垄断第三世界的多数资源。由于拥有资本和技术，西方国家得以通过它们的跨国公司控制原料和能源的来源地。它们把第三世界的原料和资源置于它们自己工业的支配之下，而这些工业又控制着世界各地的市场。由于没有自己的足够资本和技术，第三世界国家在许多情况

① 《埃克森—美孚公司谈今后10年的挑战》，美国《外交》杂志2001年5月号。

② 萨阿德·马哈尤：《美国重走帝国主义老路》，沙特阿拉伯《生活报》2004年1月12日。

③ ［英］R. 贝尔格雷夫等：《2000年的能源安全》，时事出版社1990年版，第84页。

下把原料和能源的合法权力“过渡”给西方跨国公司。在西方眼中，第三世界在国际经济竞争中的作用，只不过是充当价格低得反常的原料和能源的出口者、廉价劳动力的供应者和制成品的销售市场。由于西方商品充斥国内市场，第三世界国家不可能在自己的国土上建立自己的民族工业，除非是在西方国家所允许的狭小范围内。像多数原料一样，石油大部分属于第三世界，但是西方国家通过它们的跨国公司控制着石油的开采、提炼到销售等的整个商业链条。自私的和目光短浅的利润，蒙蔽了建立在廉价能源基础上的发达国家的眼睛，这不仅给第三世界国家的生态环境造成了不可估量的损失，而且以一种不负责任的低价格政策肆意地掠夺第三世界的能源而严重影响第三世界国家的持续发展。第三世界国家的不可持续发展就是西方国家的不可持续发展。西方资本主义生产方式终究会被可持续性的生产方式所逆转。

第三世界黑暗的历史隧道，会发出耀眼的光芒。第三世界国家和人民用自己的血肉与资源环境滋养了西方资本主义世界，资本主义世界却残暴地把第三世界踩在脚下，企图让他永不翻身。然而，它们不懂得作用力越大，反作用力也越大。西方脚下被踩着的第三世界国家，正在孕育着创造未来的火山般的历史力量——一种全面逆转西方生产方式的力量。

第二节　案例2：水——第三世界国家的最后边界

有一本书《蓝金——向窃取世界水资源的公司宣战》，书的作者宣告，全世界的水资源，正迅速沦为一种私有商品而成为国际垄断资本进行全球剥削的又一工具。本书依据大量的事实，就全球性淡水危机的成因，就有限水资源的私有化和商品化对社会平等和自然环境以及整个全球生态系统造成的巨大破坏，进行了深刻地分析。作者强烈地批评跨国公司以“华盛顿共识”为旗帜，利用第三世界国家的严重债务和急需资金的心态，伙同国际金融机构，逼迫第三世界国家进行包括水私有化在内的所谓“结构调整计划”，并从革命人道主义立场指出，人类已处于水短缺的困境，提出人们要在本国和全球范围内为保护水资源进行有效斗争的必要信息和策略。

一、让数字告诉我们

我们先让数字说说话。

在地球上13亿立方公里的水资源中，98%都是含盐的水，淡水只有约3000万立方公里，而且其中88%呈固态（冰帽和冰川）。在12%的淡水中，多数都是地下水，人们可以直接取用（即从河流和湖泊中取用）的淡水只占0.014%。联合国教科文组织一再明确指出：

“在地球上的水资源中，淡水只占0.007%”。[①]而且地球上97%的水资源已被盐化，剩下的3%水资源，2/3要靠冰川和积雪，1/3存在于含水层、潮湿的土壤和空气中。从理论上讲，利用现代科学技术，世界上的水应该够用。据水专家认为，就人类能够使用的这一小部分淡水，大约3.4万立方公里，如果平均下来，每人每年应该能得到约8000立方米的淡水。但情况通常是，无论从时间、地点还是数量来说，水资源的分配都不恰当，北美（尤其是加拿大）、西欧和东欧拥有丰富的水资源。

1995年，只有29个国家——共有4.36亿人口——遇到缺水问题。到2000年，已有10亿多人无法接近安全的饮用水，21亿

---

① 《水，人类的处境危险的财产》，载法国《热带与地中海市场》周刊1997年3月28日。

人没有安全的排污设施。他们中几乎所有人都生活在发展中国家。根据世界银行的估计数字，大约48个国家（其人口总数超过14亿）将在2025年之前经历严重的水资源匮乏危机。[①]

1998年，各地每人每天消费的水为：美国600升，欧洲200升，非洲30升，以色列260升，巴勒斯坦70升。[②]

2003年，受水资源危机影响最严重的群体依然是最贫困国家的人民，因为有50%的发展中国家的人民面临着已经被污染的水资源所带来的危险。[③]

2003年10月16日，英国《每日电讯报》文章报道，最新版的《时报综合世界地图册》显示，因全球气候发生变化，世界山峰正在降低，大湖迅速缩小。地图册主编、英国制绘协会会长米克·阿什沃思说："虽然我们的工作只是将测绘结果制成地图，但我们所有人都不得不考虑气候变化和水源的问题。美索不达米亚湿地已经缩小93%，像这样的地区，对工农业用水的争夺已经成为一个可能引发冲突的政治问题。这让我们非常担心。"[④]

2004年，西班牙《趣味》上的一篇文章列举了一系列有关水的数据：[⑤]

——智利北部地区年降雨量仅为0.1毫米，是世界上最干旱的地区。

——世界医院1/2的病床上躺着的病人与缺少饮用水有关。

——世界上每年有500万人死于与水有关的疾病。

——科威特是世界上人均水资源最少的国家，每个居民每日

---

① 《随着世界人口的膨胀，缺水问题对全球构成威胁》，载美国《国际先驱论坛报》2000年10月24日。

② 《分布很不平衡的水资源》，载法国《回声报》1998年3月19日。

③ 埃菲社巴黎2003年3月4日电。

④ 英国《每日电讯报》2003年10月16日。

⑤ 《水是地球最宝贵的资源》，载西班牙《趣味》2004年3月号。

可支配水量仅为27升。

——世界上已经有54%的饮用水被利用。

——到2025年世界上将有70%的水资源被利用。

——由于缺少饮水卫生保障，世界上每天6000人因此死亡，其中大部分是儿童。

2004年3月21日，西班牙《理性报》一文报道，水每年造成8万人死亡，经济损失328亿欧元，受害者有98%是发展中国家的人民。这严重阻碍了发展中国家的经济“起飞”，因为它们必须要动用很多本来可用于经济和社会发展的资源来防灾或减灾。

第三世界国家里90%的废水未经任何处理直接排入江湖，水介质里的病菌和污染物每年导致2500万人死亡；每8秒钟，就有一名儿童因饮用被污染的水而死亡，每年死于痢疾的儿童近300万人，占儿童死亡总数的1/4。这些都是因为他们没有基本的卫生设施条件，没有足够的资金。有些第三世界国家仍需用其全部预算的70%来偿还所欠国际货币基金组织和世界银行的贷款。在非洲和亚洲，平均每个人每天仅能使用10升水，而英国是135升，每次冲洗厕所就要用9升。据21世纪水事委员会估计，到2025年世界人口将增至90亿的时候，淡水供应就需要增加20%。①

发达国家的家庭用水是第三世界的10倍。

世界上最富有的1/5人口占有全球总消费的86%。一个出生在富人家庭的新生儿消耗的水平均比穷人家的婴儿多40–70倍。北美平均每人每年用水1280立方米，欧洲人694立方米，亚洲人535立方米，南美人311立方米，而非洲人只有186立方米。具有讽刺意义的是，欧洲人每年花费在冰淇淋上的开销达110亿

① 《流动的生命》，英国《焦点》2000年10号。

美元，而为全球人口提供洁净水和安全的下水系统却只需90亿美元。[1]

全球气候变暖是造成世界水危机的一个重要因素。气候变暖还可使土壤中的水分大量蒸发、极地的冰盖加速融化以减少淡水储量。据联合国气候变迁专业组称，现在全球温度比前工业化时期增长了0.6度，如果废气排放按现在的速度继续增长，到2080年将导致全球平均气温升高2.5度，其中陆地气温可能升高达4度。

单调、枯燥、零乱的数字给了我们一个综合的信息：作为“生命血液”的水正在枯竭。人类正在以惊人的速度消耗、浪费和污染着这一生命之源。处在这个世界边缘的第三世界穷国的水问题更是如此糟糕。如果现今的生产方式和生活方式再不加以改变的话，水将可能使整个人类社会及星球一下子全线崩溃。这绝不是危言耸听，是给世人的一个严重警告。

二、水是公共财产，是人类的基本人权

既然水对生命如此重要、不可或缺，那它究竟应是人类的基本“需求”还是基本“权利”呢？《世界人权宣言》及其附属的《国际经济、社会和文化权利协定》和《国际民权与政治权协定》规定的水应属于人类基本“权利”的成果，在21世纪刚开始，就被西方发达国家的经济和政治精英们所践踏。2000年3月，在海牙召开的由联合国组织的为期4天的“世界水论坛”上，讨论的竟然不是关于如何节水、护水的问题，而是重点讨论如何在全球进行水的私有化、商品化，如何使国际垄断资本在水市场上获取利润。争论的最后结果是，在部长级会议最后签署的公报

---

① ［加］莫德·巴洛、托尼·克拉克著，张岳、卢莹译：《蓝金》，当代中国出版社2004年版，第54页。

中，撇广大代表们把水视为“人权”的意见于一边，把水被定义为“需求”，而根本没有提水是“权利”的字眼。这事实上就等于宣布，水不再是公共资源，而是能给垄断者带来利润的商品物。既然水被定义为“需求”，那么水资源就自然而然进入资本主义市场经济的“丛林法则”，从而它的公共性也就被能带来的丰厚利润的稀缺性所淹没。

按照利润最大化的逻辑，水资源一旦成了商品物，成了市场的“资源”，它们就会被迅速市场化和商品化，并越来越集中到了各种权力与资本集团手中。这些集团利用这些“资源”去满足自己或少部分人的利益需要，而让大部分人去承担资源耗竭、环境破坏的灾难性后果和贫困的不断扩大。因此，水的私有化、商品化不可能保证人人用上水，相反，它只保证富人的用水权，而将穷人排斥在外；水的私有化、商品化将会导致“竭泽而渔”式的水开发行为，这种行为将严重破坏社会平等与地球生态系统的平衡。

地球水资源的自身内在价值远远高于其应用价值和商业价值。它为地球及所有存在着的生物物种提供着生命支撑，因此它不能被冠名为商品而产权化。否则，全球的淡水资源将有可能被富人和富国所霸占，成为他们鱼肉百姓的又一工具。2001 年 7 月 8 日，35 个国家的 800 名代表在加拿大温哥华举行了“水、人与自然”的高峰会议，会上一致通过了一个草案。草案认为，地球淡水资源是全人类的共同遗产、公共财产和基本人权，保护水健康是全人类的共同责任；不允许将水资源私有化、商品化、用于贸易或出口以图利，必须立即废除有关将水私有化和商品化的条款。① 然而，这种声音微弱得被“经济全球化发展”的声音所

① ［加］莫德·巴洛、托尼·克拉克著，张岳、卢莹译：《蓝金》，当代中国出版社 2004 年版，前言第 7 页。

盖住。目前世界上有限的淡水资源，依然还在以一种极快的速度被污染、转移和耗尽，以至数以万计的人及其他生物物种被剥夺了对生命至关重要的用水权。

最令人担心、感到后怕的是，在2000年海牙召开的第二届世界水资源论坛上，得到联合国所有相关机构支持的世界水事委员会和世界银行一致认为，水只有私有化才能够筹措解决水资源问题所需的大笔资金（估计每年1800亿美元）。而与会的非政府组织发表声明，批评这种说法“犯有根本性错误”，因为它把水当成一种商品，而不是一种“普遍适用的基本人权”。①

《蓝金》认为，无论生活在哪一个国家，世界上的任何人都有权得到基本的洁净水和良好的卫生条件。政府保持对水的公共控制、制订法律法规制度保护水源、鼓励水的有效使用是对这个权利的最好保证。国家在水问题上要有主权，任何一个国家都必须实行“当地资源优先”的政策，保护所有公民对淡水享有的基本权利。“享有”不等于“免费”或不受限制地用水。在水的公共控制过程中可以给水定价和征收一种“绿色税”。为水定价既可鼓励节约用水，又可保证人人对水的基本需求；征税既可增加政府收入，又可减少水污染和水资源消耗。

三、西方全球化、第三世界国家与水私有化政策

水私有化和商品化，是西方全球化进程中必然出现的现象。水与其他自然资源甚至人类生命本身的商品化，是西方全球化的一个显著特征。因为水是世界上一切生物体须臾不可离开的稀有资源，按西方经济学讲，资源越是稀缺，潜在的利润就越大，就越有垄断的可能。谁有支付能力，谁就能得到更多的水，水的人类需求直接与财富挂钩。水业巨头苏伊士公司的CEO杰勒德·梅

① 《全球大会强调日益逼近的水危机》，法新社海牙2000年3月21日电。

斯特拉莱，将水商品化的基本矛盾阐述得再清楚不过了。他说：“水是一种商业效率很高的产品。这种产品一般来说应该免费的，而我们的工作则是卖水以牟利。要知道我们卖的这种产品是生命绝对不可缺少的啊！”①

西方全球化最感兴趣的是经济的完全自由，而不是什么真正的政治民主和生态保护，它没有环境立场，只有利润立场。在它们的眼里，基本人权算是什么？什么东西都可以用作商品进行买卖，即使是人的生命中过去被认为是神圣不可侵犯的一些方面，比如健康和受教育权、文化与传统、遗传基因密码与种子，当然水与空气也不例外。

西方全球化最早可以追溯到500年前。在这500年间，其基本模式并没有太大的变化。只是科技的不断变革，导致它的广度与深度的日渐扩大化。苏联东欧剧变，“华盛顿共识”出台，客观上为西方资本的全球奔走进一步扫除了阻碍。国际垄断资本由国际货币基金组织和世界银行出面，利用第三世界国家面临的沉重国际债务，对其实施“结构调整计划”，即要求这些国家大幅度地改变它们的经济和社会政策，以利于全球自由市场系统的运行，这个世界级经济计划在实施中使亚非拉国家蒙受着苦难并毁灭着环境。“结构调整计划”在主观上是否能如西方所愿？答案在历史中，历史绝不会是资本的奴婢。

西方垄断资本试图通过经济全球化进程，借助“经济调整计划”，把水资源——这根“生命线”牢牢地拴在自己手上以牟取暴利。这正在进行中。如果第三世界国家的水资源被国际垄断资本控制的话，就等于中了“蛊”毒；如果全球水资源被国际垄断资本控制的话，就会加速全球环境的恶化。因此，在资本的逻辑

---

① ［加］莫德·巴洛、托尼·克拉克著，张岳、卢莹译：《蓝金》，当代中国出版社2004年版，第83—84页。

中，“生命的血液”比“工业的血液”更受青睐。世界银行副行长伊斯梅尔·萨拉杰丁曾在1995年提出过一个不祥的预言：“石油是本世纪许多战争的起因，但是下个世纪水会成为引发战争的根源。”

在“华盛顿共识”的推动下，西方对第三世界国家强行的水私有化政策一般采取以下三种模式：一是强迫政府把整个水的处理和输送系统完全卖给西方公司；二是西方跨国公司从政府手中取得特许权或租约，承包供水服务系统；三是公司与政府合作，签订合同，负责管理供水服务，由政府收取行政管理费。[①] 至于采取哪种模式，主要看第三世界国家的抵抗力量之大小。对跨国公司而言，它们的首要目标是获取最大利润，而不是保证人人有水用。它们利用一切手段鼓励水消费，根本不会考虑水这一宝贵资源的长期健康和过度抽取地下水造成的危害。由全体人民建立起来的供水系统，在水私有化政策下，竟成了又一剥削自己的工具。大部分西方跨国公司与第三世界政府的承包合同是在20—30年之间，在此期间，即使政府想中止合同也是极为困难的，除非有对人民高度负责任的新政府产生。

水在第三世界的大规模私有化浪潮，将导致一个更加不平等的、无法持续的将来，这不仅体现在人与社会的方面，也体现在人与自然的方面。私有化正在全方位向社会、公共财产进行攻击，这种图景非常令人寝食不安。私有化主要着眼于利润的追求，而不是提高效率、保证公平的分配和环境的保护。私有化的不断扩大增加了跨国公司权力，减弱与它们打交道的第三世界国家政府的权力，这样一来，它们就可有效地对抗有关政府，而政府却不能对公司的经营进行有效的监督、管理。

---

① ［加］莫德·巴洛、托尼·克拉克著，张岳、卢莹译：《蓝金》，当代中国出版社2004年版，第84页。

1. 西方全球化、第三世界与水资源的利用

冷战的结束并没有使世界变得更加安全。一种新的“战斗”在西方全球化中展开了。西方发达国家正在向第三世界国家展开一场“经济与资源战争”，第三世界的人民和自然资源被视为这场战争的“敌人”。

西方跨国公司为了进入第三世界国家的水市场，常常以援助为诱惑、以撤资相威胁，逼迫这些羸弱之政府改变或废除那些阻碍着水私有化和环保的有关法律法规政策。

随着全球水供应量的不断下降，西方国家的大企业开始申明自己对河流和湖泊的所有权了。眼睛开始扫描着地球上所有的地区或国家的水源区，盯着那些富水的第三世界国家不放；[①] 随着淡水资源的减少与污染和西方集团的到处参与，争夺水的使用权的冲突不断涌现，国与国之间、城乡之间、种族之间、公民之间、不同的社会经济阶层之间的关系日趋紧张。亚洲发展银行确定了全世界有70多个会因水引发冲突的热点地区，其中最热点的地区有8个，全都在第三世界国家：(1) 科罗拉多河（墨西哥与美国之间的冲突）；(2) 帕拉那河（阿根廷和巴西之间的冲突）；(3) 底格里斯和幼发拉底河（土耳其、叙利亚和伊拉克之间的冲突）；(4) 约旦河（以色列和约旦之间的冲突）；(5) 尼罗河（埃及和埃塞俄比亚之间的冲突）；(6) 博卡扬加供水系统（纳米比亚和博茨瓦纳之间的冲突）；(7) 恒河（印度和孟加拉国之间的冲突）；(8) 湄公河（柬埔寨、泰国和越南之间的冲突）。[②] 因此，1996年，世界银行的首席北非与中东问题专家公开宣称，不管以哪种形式，“水最终将像现在的石油一样，在全世界范围内进行交易”而成为国际商品。

① 《流动的生命》，载英国《焦点》2000年10号。

② 《流动的生命》，载英国《焦点》2000年10号。

西方修建大型水坝，来间接地控制第三世界。为了让第三世界国家生产出更多出口的初级农产品，西方资本垄断集团非常热衷于在这些国家修筑大型水坝。在19世纪末和20世纪初，殖民主义者在他们需要的地方到处留下这一永久性的标志。他们所寻求的是，鼓励、支持殖民地的土地从当地农夫自给自足的状态下转换到灌溉经营的轨道上来。这样，农民一旦在水坝和水渠上有所投入，他们便会种植附加值高的一些经济作物，如棉花、甘蔗等。许多作物注定是要向宗主国出口的。如，1902年，英国人修建了阿斯旺低坝，目的是为兰开夏郡的纺织厂灌溉棉花。1925年，英国人还在尼罗河的上游——苏丹建成了森纳尔水坝，目的是为世界上最大的棉花种植园吉齐拉供水。为了在发展中国家建造大水坝，国际垄断资本集团大肆宣传，对于环境的过分关注是他们买不起的"世界上第一大奢侈行为"。事实上，情况恰恰相反。发展中国家的大多数人直接依靠环境为他们提供物质。因大坝而引起的环境破坏给发展中国家带来更多的生产生活成本，而这些成本大部分又主要落在社会中最穷的人身上。实际上，发展中国家的人民最不能对付大坝对环境造成的影响了。①

法兰克福学派的维特福格尔和霍克海默一再宣称，"对自然的主宰无可避免地导致某些人被另外的人所主宰"。通过大坝控制江河，实质上就是通过控制自然来控制人。在发展中国家兴建大坝并不需要整个社会的参与，而只涉及世界银行或国际货币基金组织、西方跨国公司和掌握政府机构及政治或经济权力的地方精英。当水坝一建成，他们就可以根据自己的旨趣来支配水流，从而使先前的江河资源使用者的使用机会部分或全部地被剥夺。

西方利用国际垂直分工体系，把耗水大户、污染水源大户的

① ［美］P. 麦卡利编著：《大坝经济学》，北京：中国发展出版社2001年版，第21页、第22页、第71页。

电子生产搬到第三世界国家，把研发工作留在国内。由于这些高科技企业的用水量之大令人咋舌，他们选择厂址将与水权的取得难易相联系。在第三世界，这些公司使用各种手段以低价购得水权，又不为其造成的污染承担任何治理费用。他们的手段包括向政府施压索取补贴；设法绕过市政设施而直接从水源泵水；买断水权，最大限度地从地下蓄水层取水；或直接从牧场主、农场主手中直接购买水权，将当地水源污染后一走了之。在第三世界，政府为了所谓的“发展”而迎合这些高科技跨国公司，政策性地允许工业用水量的增加、减少居民的用水、补贴高科技公司的水价、甚至还为了满足这些公司对水的贪得无厌，毁坏当地的有效的农用水分配系统。

资本总是想把水视为紧缺商品，不愿无偿地提供给任何人。水的稀缺是发财的好机会。如果在这种思维逻辑下，结果是穷者越穷水，富者越富水。跨国公司在世界银行和国际货币基金组织的帮助下，在“华盛顿共识”的推波助澜下，介入水交易的各个方面。在水是公共财产、归人类所共用的基本原则上，进行小范围内的小规模的水交易，在历史上很普通的事情。在全球范围内，由跨国公司来进行水的交易，将会完全摧毁人类对水的基本权利的主张。把水和其他自然资源一样当作是私有商品，目的就是一个：牟取利润。跨国公司对全球性水的交易的介入，将会导致强势的他们对弱势的第三世界地区或国家进行水权的买断，等到把该地区或国家的水都用光了，就一走了之。

跨国公司借口帮助第三世界国家解决水问题或发展问题，堂而皇之地进入这些国家，但其主要目的就是全面推行私有化。这些政府和人民开始还以为是引进了外国的先进技术和管理经验，认为以后的水价会降下来，但事实如何？江山易改，资本本性难移。第三世界国家及人民总是要先被资本的表面现象所迷惑，随后才知道事情的真相。要知道，不管跨国公司是如何地认真负责、科学经营，它的首要宗旨就是争取最大的利润，而不是为了这个国家的公共利益，它不会将节约水源作为公司运营的重要原则，而是在不断地鼓励人们的水消费和提高水价。

私有化制造着日益严重的用水不平等。在大多数第三世界国家，低收入家庭平均花在水上的费用占其家庭收入的一半，而社会精英和富人们总是享有用水的特权。1994 年，印度尼西亚遭受特大旱灾，大多数居民的水井都干涸了，但富人的高尔夫球场却保持着用水的优先权，每个球场仍然每天耗费着 1000 立方米的水来保养草皮。然而，在第三世界国家这些耗水量巨大的高尔夫球场在政府的支持下修建得越来越多，马来西亚、泰国、印度尼西亚、韩国和菲律宾五国现有球场 550 个，另外 530 个正在修建当中。当然中国的高尔夫球场也不少，而且大量已因消费不起被闲置。1995 年，墨西哥北部经历了严重的干旱危机，政府完全断绝了该地区的农业用水，却保证供应该地区主要由外国资本控制的工业用水。①

资本家害怕没有利润或利润太少，就像自然界害怕真空一样。一旦有适当的利润，资本就大胆起来。如果有 50% 的利润，它就会铤而走险；如果有 100% 的利润，它就敢践踏一切人间法律；如果有 300% 的利润，它就敢犯任何罪行，甚至冒绞死的危险。为了利润，资本家想把从亚马孙河流域的热带雨林到非洲沙漠下的蓄水层的世界上任何淡水资源都开掘出来放到市场上卖，至于地球还要不要，不在考虑之列。

2. 水私有化与环境问题

加拿大环境主义者大卫·铃木提出的“环境破坏的几何级数特征”理论认为，环境问题并不是一步一步地呈线性发展，其中

① ［加］莫德·巴洛、托尼·克拉克著，张岳、卢莹译：《蓝金》，当代中国出版社 2004 年版，第 57 页。

很多步骤是很难用肉眼观察到的，只有到了最后同时爆发阶段，人们才能觉察得到，可是已经为时晚也。一个生态系统可能遭到来自不同方向的积累性破坏，而这种破坏又可能以各种不同的方式发生。资本主义生产方式对地球上淡水系统乃至整个生态环境的破坏，在资本的不断积累过程中积聚。这种对水破坏性的“几何级数”积累现在每天都还在继续发生，丝毫没有引起人们的高度警惕。难道真的要等到“为时晚也”的这一天？况且我们已正处在了此前一天。

目前，世界河流中的大多数都遭到了有毒的工业污染，而且看不出任何缓解的迹象。据联合国工业发展组织预测，到2025年，工业将耗费两倍于现在的用水量，而工业污染很可能增加4倍。

为了获取更高的利润，国际垄断资本集团甚至干脆想通过私有化，把第三世界国家的水资源使用权一次性买断。这样一来，一则它们可以任意地排污，二则可以把水大规模地出口到其他缺水的地区或国家去。现已有足够的证据证明，水私有化政策对生态环境造成了相当严重的破坏：从江河湖泊中取走大量的水干扰了生态系统，破坏生物的栖息地，降低生物多样性，造成地下蓄水层的枯竭；湿地在日渐消失，20世纪全世界的湿地已经失去了大约一半。湿地的毁灭大多数是由于工业化、城市化和大农业化所为。也就是说，发达国家的湿地摧毁得最为严重。比如，美国已有50%以上的湿地消失了，而且还在以平均每分钟一公顷的速度消失；加拿大大西洋沿岸地区损失了近65%的湿地，安大略省南部毁掉了70%，草原诸省丧失了71%。①

瓶装水工业是水私有化过程中的一颗“明珠”。由于利润率

---

① ［加］莫德·巴洛、托尼·克拉克著，张岳、卢莹译：《蓝金》，当代中国出版社2004年版，第36页。

高，其发展势头猛得令人吃惊。有位品牌瓶装水公司的董事长曾说过这么一句话：“我自己也不明白……只需从地下把水取出，转手就可以在市场上以高于葡萄酒、牛奶、原油的价格出售。”《财富》杂志在2000年5月的一期特刊中宣布：“水在21世纪中的地位将相当于20世纪中的石油，它将决定一个国家的穷富。”《全球水情报》杂志报道说，在世界有些地方，水的价格已与等量的原油持平。

所谓的含有人类所需的多种微量矿物质的“纯净水”，实际上并不比自来水更卫生，有时还不如普通自来水。美国保卫自然资源委员会（NRDC）在1999年3月的一份调查报告中指出，接受调查的103种不同品牌的瓶装水中，1/3含有包括砷和大肠杆菌的污染物，1/4的瓶装水其实就是自来水，只不过增加了一道纯化工序。NRDC的调查报告接着指出，“有一个品牌的水取自一家工厂停车场中的水井，附近就是有害废物堆放场，经常遭到超过美国食品及药物管理局标准的化学污染。”① 瓶装水在缺水的第三世界国家很有市场，然而就是这个市场使得国家的生态环境遭到异常的破坏。美国的“草根回收网”说，从1995年以来，可口可乐公司生产了210亿个塑料瓶，它们“被扔弃在大街上、公园里、沙滩上，或被送进垃圾堆和焚烧炉。”② 于是，该组织在2000年的“世界地球日”给可口可乐公司戴上了一顶“饮料废物制造者冠军”的桂冠。

环境破坏还不仅仅在此，来到第三世界国家的瓶装水商们为了满足市场需求而到处寻找水源，他们在很多乡村地区购买含水

---

① ［加］莫德·巴洛、托尼·克拉克著，张岳、卢莹译：《蓝金》，当代中国出版社2004年版，第137页。

② ［加］莫德·巴洛、托尼·克拉克著，张岳、卢莹译：《蓝金》，当代中国出版社2004年版，第143页。

量丰富又有水井的农田，简单地、过度地把井水抽出、用光之后一走了之。譬如，“在乌拉圭等拉美国家，外国瓶装水商买进大面积的土地，有时甚至买下整个水源系统，作为将来的储备。”① 因此，有人认为，“水市场上孕育着西方的未来和漂浮着第三世界的棺材”，这话一点也不过分。

水的私有化，方便着国际垄断资本集团在全球各地寻求丰富水源之地、开办工业。例如，全球采矿业、制造业和石油工业都严重污染着世界水源。仅在加拿大的阿尔伯特省，为对油田加压以提高原油产量，每年有主要来自地下蓄水层的高达 2040 亿升的水被注入油井。这些水足够 7 万居民使用 20 年。悲剧在于，当这些油井被废弃之后，里面的存水都不可能再为人类和自然服务了，因为它含有高浓度的矿物质和采油过程中引入的污染物。② 从此得知，西方石油垄断资本在第三世界国家的开采，不知要耗费和污染这些国家多少本来有限的水资源。

3. 水资源问题的出路

屠格涅夫说，自然才不管什么逻辑，那只是我们人类的逻辑。自然有她自己的一套我们不懂、也不承认的逻辑。直到我们在这套逻辑的巨轮之下被压碎以后我们才会理解那是什么。

大自然并不是无限宽厚的。它不会对人类对它的无止境的掠夺和破坏永远保持沉默。所有现存的生态系统都靠水和水文循环来维持。种种迹象现已表明，如果我们不迅速制止对水的破坏及维持其健康的生态系统，人类所积累的财富和文明都将碾碎在自然的逻辑车轮下而变得毫无意义。

---

① ［加］莫德·巴洛、托尼·克拉克著，张岳、卢莹译：《蓝金》，当代中国出版社 2004 年版，第 138 页。

② ［加］莫德·巴洛、托尼·克拉克著，张岳、卢莹译：《蓝金》，当代中国出版社 2004 年版，第 13 页。

用经济学的术语讲，对于有限的淡水资源，我们本应只用它的“利息”，可是我们现在已经在用它的“本金”，在不远的将来，我们将可能彻底“破产”。

西方的生产方式、生活方式将导致水危机。西方正在通过全球化把水危机推向第三世界国家。建立在经济无限增长和不加限制的消费基础上的西方经济全球化，基本上得到世界各地政府和商界领导人的认同。他们明知，植根于全球化的经济无限增长理念无益于全球水危机的解决，毁灭森林和毒物倾倒正在损害着水源系统、大农业的灌溉方式不仅会导致土地的沙漠化，还会造成地下蓄水层的枯竭，等等。他们还明知，富国对水的消费不成比例地高。最富有国家的人们觉得对水的消费是天经地义的，即使当地的水很贵，他们也有足够的支付能力。他们生活的许多方面都要消耗大量的水。汽车、草坪、高尔夫球场都需用大量的水来维持，还有私人游泳池。他们从来没有想过，当自己在肆意地浪费水、挑剔水质量的时候，穷国却正在努力地寻找基本的饮用水。

西方国家在全球范围进行着、鼓励着这些生态上不可持续的生产和生活行为。无论从伦理、环保、还是从社会发展角度看，这样的“全球化”肯定是错误的，它无视地方民主，只是“拿”弱者和最善良者的财富“奖励”那些强者和最无情者。它不是人类所需要的真正的全球化。

水短缺与水污染已经成了第三世界国家和世界穷人生死攸关的事情。联合国经济与社会委员会向联合国可持续发展委员会提交的一份报告指出，全球缺水人口的3/4（占世界总人口的26%）生活在第三世界国家。可持续发展委员会预计，到2025年，低收入国家中的缺水人口将占全世界人口的47%。半数以上居民不能用上洁净水的大城市中，绝大多数都在第三世界国家。

水的私有化等于在给第三世界国家和世界上所有的穷人的伤疤上再撒一把盐。美国《哈帕斯》杂志的韦德·格雷厄姆认为，水的私有化与市场化根本就是场骗局，哄骗第三世界国家把水权交给一部分人或西方大公司。整个社会的命运是和水联系在一起的，水在一个地方就代表着兴旺繁荣，如果水的使用权被私有化甚至被合法转移到外地，那么整个地方的繁荣有可能一去不复返了。[①] 将水私有化不会制止第三世界国家水源系统状况的恶化，而只会加剧之。

既然水的私有化和商品化不仅会造成世界水源及整个生态系统的更加恶化，还会严重威胁全人类的生存与发展，那么我们就应该坚决地对它说“不”。

《蓝金》作者一方面认为，要真正解决全球性水资源问题，富国必须做到以下几点：第一，立刻停止推动对水实行商品化与私有化；第二，免掉第三世界国家所欠的债务；第三，把外援标准恢复到以前水平（国民生产总值的0.7%）；第四，对金融投机征收“托宾税”，用于全世界水服务及水基础设施的改善。另一方面也指出在依靠西方富国的同时，还得依靠自己的斗争。作者列举了一个西方跨国公司伙同国际金融机构如何“强奸第三世界国家政府及民众的民意”且遭到可耻失败的鲜活的例子。[②] 1998年，世界银行通知玻利维亚政府，要求该政府将科恰班巴市的公共供水系统出售给西方公司，并由居民们负担成本，否则世界银行将拒绝提供该市供水系统所需的2500万美元的贷款。作为回应，玻利维亚政府将科恰班巴市的供水系统转让给了美国

① ［加］莫德·巴洛、托尼·克拉克著，张岳、卢莹译：《蓝金》，当代中国出版社2004年版，第70页。

② ［加］莫德·巴洛、托尼·克拉克著，张岳、卢莹译：《蓝金》，当代中国出版社2004年版，参见第86页、第147页、第148页。

建筑巨头贝克特尔公司新成立的子公司——阿瓜斯德尔特纳瑞公司。然后世界银行又要求水价要用美元结算、水价不得低于成本、贷款不能用于对穷人进行补贴等。结果，由于水价的不断上涨，引起市民的大规模激烈抗议运动。迫于国内形势的压力，玻利维亚政府曾想中止与此水业公司的合同关系，结果此公司把玻利维亚政府告上了世界银行的“投资纠纷调解中心”，要求这个最穷的拉美国家赔偿近4000万美元，为了在西方全球化经济中证明自己是一个“守规矩”的参与者，玻利维亚政府在公众与世界银行的极大压力下，不得不用庭外和解的方式向此公司支付了其所要求的赔偿而中止合同，并取消了人人憎恨的水私有化立法。科恰班巴市民众组织自己的力量夺回了对供水系统的控制权，这充分表明了历史发展的主动权是掌握在最广大的劳动人民手中。只要大家行动起来，一致与私有化作斗争，“去私有化”就一定能实现。只要我们站在“为绝大多数人谋利益”的鲜明立场上，随着历史活动的深入，必将是群众队伍的扩大。然而，对于水资源问题的解决，没有现成的模式。模式应该是在广大劳动人民的历史创造中、在人类的绝大多数对资本主义生产方式的抛弃中。

第四章　科学技术的异化：导致环境问题的技术性因素

科学技术是人类历史进程中的一种社会现象或活动，是人类在不断适应自然、利用自然和改造自然的现实需要过程中产生和发展起来的一种工具手段和力量。科学技术就其自然属性而言，乃是人类生活和社会进步的强有力的杠杆。但是，随着资本主义制度的建立及其全球性的扩张，它给人类的生产生活造成的影响可是令人叹为观止。“现在存在着的东西都被现代技术的本质的统治打上了烙印”。[①] 科学技术犹如一把双刃剑，一刃对着自然，一刃对着人类。大家都知道，今天人类生存与发展的环境已经越来越离不开科技，两者已经连成了一个整体。科技的任何不当使用都会给生态环境造成极大的破坏，正如环境经济学家艾伦·科特雷尔所说：“人类生活的两个世界——他所继承的生物圈和他所创造的技术圈业已失去平衡，正处在深刻的矛盾之中”。[②] 科学技术犹如一把双刃剑，有利的刃面总是朝着国际垄断资本和西方发达国家，不利的刃面总是劈向全球劳动人民和第三世界国家。结果，第三世界国家及全球劳动人民不仅承受着科学技术带来的环境恶化与环境灾难，还承受着不断扩大的贫困。环境状况的恶化与国家、人民的贫穷严重地制约着第三世界国家的发展。

总之，不断革新的科学技术不是孤立存在的，它既已与环境

① ［德］冈特·绍伊博尔德：《海德格尔分析新时代的科技》，中国社会科学出版社 1993 年版，第 30 页。

② 艾伦·科特雷尔：《环境经济学》，商务印书馆 1987 年版，第 13 页。

联成一气，又是社会制度的一个构成要素，它不可能游离于社会制度之外，更不可能凌驾于社会制度之上。科学技术、自然环境、社会制度三者的结合，能否使人类社会得到和谐与可持续发展以及其实现的程度，关键在于它掌握在什么人的手里，以及这些人如何、为何利用它。历史学家汤因比从历史发展的角度对此作出了非常中肯的评价，他认为："科学不断发达究竟会带来怎样的结果，若用伦理上善恶的概念来说，就在于科学是被善用还是恶用。"①

第一节　环境问题的技术内涵：科学技术的异化

研究科学技术问题能否脱离既定的社会关系？如果能，那当今的科学技术所取得的成就足以为不同国界、阶级、阶层和肤色的全人类提供缩小贫富差距和治理好环境的最大的可能性了。事实上刚好相反，科技倒成了扩大贫富差距和破坏环境的一个主要因素。究其原因，关键在于西方主导的全球化所形成的国际旧秩序，在于美国谋求全球霸主的"领导地位"之欲望，在于科学技术在国际垄断资本运用下的异化现象。

科学技术异化主要是指，科学技术的资本主义应用。科学技术的资本主义应用完全把自然环境当作其发展的材料，把人当作机器，这样既把自然环境破坏得疮痍满目，使人类的生存与发展难以持续；也把人的精神世界、道德领域瘫痪一团，使人丧失了生命活力。

自然科学的进步和技术的应用推动着社会的发展、文明的进步，也给人、社会和自然带来了负面影响。比如，空气、海洋和

---

① ［英］汤因比、［日］池田大作：《展望二十一世纪》，国际文化出版公司1985年版，第39页。

大气污染，自然资源枯竭问题，军备竞赛问题，贫富两极分化和与此相联系的一系列社会问题与环境问题。[①] 历史学家莱恩·怀特早在1966年的美国科学促进协会会议上就指出："目前地球环境的破坏是能动的技术和科学的产物"。[②]

但是，我们不能把科学技术看作是环境问题产生的根源，科学技术只是环境问题成因的一个技术性因素。环境问题产生的主要根源在于资本主义生产方式，在于资本主义制度。因为"现代科学仅仅是控制自然这一逐渐广为人知的更宏大谋划的有利工具"，[③] 是国际垄断资本欲图进一步控制世界劳动人民的有利工具。莱斯认为，控制自然的目的是控制人。在工业革命以前，慑于自然的威力，统治者主要通过直接控制人来控制人；工业革命以来，由于科学技术的发展，人类对自然的控制能力得到大大的提高，统治者则主要通过控制自然来间接地控制人。人才是国际垄断资本真正要统治、控制的对象。西方通过技术来控制自然并日益对人的日常生活世界产生影响，控制自然所达到的水平与控制人的程度是成正比例的。莱斯说："对人的劳动的可能的剥削强度直接依赖于控制外部自然所达到的程度。这里决定性的一步是工业社会的到来：机器和工厂系统极大地扩大了劳动的生产力，从而扩大了对它剥削的可能程度。"[④] 不仅如此，国际垄断资本为了更好、更有效地控制自然和控制人，把科学技术居心叵测地应用到各个方面，甚至把人的基因也技术化、商品化。

一、西方战争技术加速了第三世界国家环境问题的恶化

战争分正义与非正义。文章所提的战争主要指非正义战争，

① 唐袅：《科技属于人民》，中国人民大学出版社2001年版，第13页。
② ［加］威廉·莱斯：《自然的控制》，重庆出版社1996年版，第25页。
③ ［加］威廉·莱斯：《自然的控制》，重庆出版社1996年版，第4页。
④ ［加］威廉·莱斯：《自然的控制》，重庆出版社1996年版，第138页。

正义战争多是由非正义战争所引起，如日本侵华战争引发中国的抗日战争。但是，战争和第三世界环境问题紧密联系在一块。《我们共同的未来》说，对和平和人类社会生存造成的威胁，莫过于人类赖以生存的生态环境愈来愈严重的、不可逆转的退化的前景，而战争直接威胁着第三世界国家及全人类的和平与发展、破坏着人类赖以生存的自然环境。

纵观科学技术的发展史，绝大部分科技都是基于军事目的而研发出来的，然后慢慢地释放并部分转为民用。冷战结束后的西方经济大发展的一个主要原因，就是军事技术民用化。世界上高、精、尖科技基本上都集中在军事领域或与军事相关的领域，随着科技水平的不断提高以及由此带来的军事武器的日益精良，战争对生态环境的破坏会不断强化与泛化。可以这样说："在每一次战争中生态环境都是受害者"。①20世纪是科学技术的世纪，20世纪也是战争频繁的世纪，20世纪更是"全球规模环境破坏的世纪"。② 科学技术的战争运用给世界人民尤其是第三世界人民造成了无穷的灾难，给自然环境带来了无尽的破坏。战争多发生在第三世界，因为西方强国想通过全球化，把所谓"政治民主、市场自由"的资本主义模式在全球整齐划一；想把这些国家紧紧地拴在自己的手里，成为自己发展需要的资源供应地、商品销售地和废物倾泻地。

战争不仅仅导致亿万人生命的丧失和巨额财富的损耗，而且还严重地破坏了人类赖以生存的地球资源和自然环境。战争带来的环境破坏主要体现在以下几个方面。

1. 战争准备阶段给自然生态环境造成的破坏

---

① Patricia J. "*West Earth*: *The Gulf War*'*s Silent Victim*", *Yearbook of Science and the Future*, Chicago, USA: Encyclopedia Britannica Inc., 1993, p.42.

② 参见［日］岩佐茂:《环境的思想》, 中央编译出版社 1997 年版, 第 1 页。

为了争夺并控制地球上日益减少的自然环境资源，为了向第三世界国家强行推行西方的发展观念及模式，各种冲突与斗争时常引发。为了应对这些冲突与斗争，各国都积极地实施战争准备。发达国家利用自身优势到处建立军事基地，不断进行军事研究并开发高、精、尖的军事技术与武器装备，第三世界国家则不惜耗费巨资大量购买西方国家的军火，壮大自己军事力量。军事用地占据了越来越少的世界耕地，破坏了军事基地及周围的自然生态环境。在那些建有军事基地的地方，自然环境遭到了原子、化学和细菌武器的严重污染和破坏，而这些污染和破坏不仅仅局限于当地，其有害放射物和微生物不可避免地随风、水以及动物传遍全球的各个角落。

受“技术决定论”主导的西方军事理论导致全球军费开支的猛增，进而有损于国家环境的保护与治理。2004 年 2 月 13 日，世界银行行长沃尔芬森在澳大利亚的一次演讲中指出，2003 年世界各国政府用于军事上的开支达到了 1 万亿美元，而 1999 年这个数字是 8 千亿美元，其中美国就占了一半以上，而拉美地区总共才 200 亿美元。同时，世界各国用于发展的资金仅为 500 亿美元。他表示：“这真是疯狂，我们在军事方面的投入居然是用于给人们提供安居之所的费用的 20 倍还要多！”仅在 20 世纪的前 50 年里，人类用于战争的费用就高达 47 万亿美元。这一惊人的数字，可供全球人口 50 年的生活消费，或让 5 亿多个家庭都能享有一座豪华的宅院[①]。在每年既定的全球收入中，如此巨大的军费开支必然对社会造成无法想象的影响，要是把这笔钱不用于战争准备而用于环境保护与治理，用于资源和平开发技术的改造和提高人类的教育水平，那多好啊！下面表格是来自世界观察研究所的一个报告中的相关数据。

① 《人类、战争与环境关系的历史趋势》，载《国防科技参考》2002 年第 7 期。

表：如果军费支出用做环境或社会，情况将会怎样？[①]

军事项目	费用（美元）	如果用于社会或环境改善
两天的全球军事费用	48亿	提议的阻止发展中国家20年沙漠化的联合国的行动计划每年费用
三天的全球军事费用	65亿	热带雨林保护行动计划投资
两星期的全球军事费用	300亿	提议中的联合国水和卫生10年计划的每年费用
三叉戟核潜艇	14亿	针对六种致命疾病的全球4年儿童免疫计划
三叉戟核潜艇和F-18型喷气飞机项目	1000亿	清理1万座美国废弃的垃圾堆所估计的费用
秘密轰炸机项目	680亿	满足联合国2000年的清洁水目标所估计费用的2/3
3 B-1轰炸机	68亿	美国1983年—1985年花费在可再生能源上的费用
B-1轰炸机1小时操作费用	21亿	在非洲10个村庄以社区为基础的具体的身体保健费用
两个月的埃塞俄比亚军事费用	5亿	提议的联合国阻止埃塞俄比亚沙漠化计划的年费用

这个表告诉人们：世界要是无军事化，不发生战争，那人类将有足够的财力物力去发展生产力和提高生活质量与环境质量，进而实现人与人、人与自然的和谐发展；反过来说，一定量的物质财富要是大部分被用于战争，人类生活与环境质量就根本得不到保障，更不要企谈什么人与人、人与自然之间的和谐。

资本主义私有制的存在，战争就必然存在。为了应对战争，

① Renner, M. 1989. Enhancing Global Security . In State of the World, 1989: A orld-watch Institute Report, ed. L.R. Brown et al. New York: W.W.Norton.

世界上绝大多数国家花费整个国民生产总值的很大比例来建立军队和建设国防设施，不断地扩充武器库和更新武器设备。建立各种军事设施和研发生产各种武器要耗费大量的钢铁、石油、稀有金属等宝贵的自然资源。据英国伦敦战略研究所统计，在一些主要战争中，仅消耗的金属资源就相当惊人。第一次世界大战打掉的金属是5000万余吨；第二次世界大战则高达一亿吨[①]，并且这些武器装备的研制、试验、生产、运输、储存、销毁对环境的破坏也是惊人的。近年来国际上军用危险品泄漏和在运输中爆炸的事件时有发生，成为环境破坏的一大隐患。有资料显示，突发事故最多的环节是运输，每天都有车辆在运输军用危险品，其潜在危险和危害就在城乡人们的身边徘徊。有毒有害军用品的贮存对环境的影响也是较大的，比如英国在二战中贮存芥子气的一些地区的土壤和地表水被污染，至今仍无法彻底消除。

裁减军备，销毁武器本来是一件好事，但它同样带来对生态环境的破坏。美国曾把1.2万枚“过时”神经性毒气弹和5000吨糜烂性毒气容器投入大西洋，这种不负责任的处理方法极大地损害了生态环境。目前，全世界有成千上万废弃的武器弹药等待着被销毁。1992年前苏联部队从原东德撤出时，约150万吨弹药需被销毁。大多数弹药没有经过任何处理被烧掉，释放出大量的包括氮氧化物及重金属（如汞）在内的污染物。[②]

2. 战争过程和结果引发的自然生态环境的破坏

随着军事技术的不断进步，战争对自然生态环境的破坏能力大大加强了。从冷兵器、热兵器到核武器的历史使用过程来看战争结果遗留下来的破坏，可以说是给自然生态环境及当事人造成

① 《人类、战争与环境关系的历史趋势》，载《国防科技参考》2002年第7期。

② 朱建新、李玲：《地球难以承受之痛——关注军事环境保护》，《解放军报》2004年6月23日。

了呈无限级扩大的趋势。香港《南华早报》和日本《产经新闻》都曾披露，在侵略越南的战争中，美军在南越14%的领土投放了7500万升叫做“橙剂”的脱叶剂和其他除草剂，其中混入了总量约170千克作用持久的剧毒二噁英。30年之后，曾经覆盖着高大树木和浓密热带植物的地方，到处长着齐腰高的“美国草”。越南100万人由于接触这类东西的残留物而患上了癌症。[①]

至于核战争可能给人类及环境造成的破坏现在还无法想象，“核冬天”不足以表达出核战争的破坏性。有科学家说：“在一场较大的原子战争后，生态系统将惨遭破坏，致使北半球不大会有幸存者，而南半球的人、畜和植物估计也将遭受严重的后果。战争最初几个月内，不会有充分的阳光穿过烟雾和尘埃到达地球表面，因而植物不可能继续存活。爆炸时未被杀害的动物也将渴死。因为摄氏零下15度－35度的严寒达数日之久，水都冻住了。据最近的研究，在一场爆炸力为5千到1万兆吨TNT当量的原子战争中，将有3亿人到10亿人丧命。更有数量相同的重伤者需要急救，但是几乎没有医疗条件。很可能世界人口的一半将成为这样一场战争的牺牲品。目前两个超级大国拥有5万件原子武器，其摧毁力相当于1.3万兆吨TNT当量。”[②] 据了解，这还是较保守的看法。

技术级别越高的战争给人类及其生存环境带来的破坏越广泛、深重和久远。20世纪末、21世纪初由美国为首的西方国家开打的海湾战争、科索沃战争、阿富汗战争和伊拉克战争，不管是从武器还是作战方式上，都属于历史上技术级别最高的战例。在战争

① 参见《求购战争后遗症疗法》，载香港《南华早报》1999年6月22日；《遭受橙剂毒害的儿童》，载香港《南华早报》2000年4月30日；《“美越新时代”前景堪忧》，载日本《产经新闻》2000年4月19日。

② ［德］狄特富尔特等：《科学家描述原子战争的后果》，生活·读书·新知三联书店1993年版，第215页。

中，除了核武器外，所有其他的现代化武器都搬上了战场。现代化的高精尖军事武器接连在海湾地区、巴尔干地区、阿富汗地区演义出一幕幕破坏环境的战争。下表就足以能说明这一切。

	海湾战争	科索沃战争	阿富汗战争
轰炸目标	油库、输油管、油井、核生化工厂	炼油厂、化工厂、燃料库、发电厂	深山老林、城市
对环境造成的破坏	（1）大约700万至1000万桶原油流入海湾，形成了从科威特到沙特阿拉伯的阿布阿里岛长达640千米的海上浮油，①这层油膜严重威胁着海洋生物的生存，如果要靠自然来消化则“至少需要200年”②；（2）战火烧毁了将近30亿桶石油，据国外专家测算，燃烧一桶原油可产生15.1千克烟尘、108千克二氧化碳、143千克一氧化碳、3.4千克二氧化硫和0.85千克氮氧化物③。数年之后，当科学家对登山队员从珠穆朗玛峰上取回的雪样进行化验时，竟发现了海湾石油大火所飘逸去的灰烬，南极考察站的科学家们也在南极的雪水中化验出了海湾战争的污染物；（3）造成了大量的化学物质的泄漏。其中，伊拉克国家糖精提炼厂泄漏农药9.5万千	（1）“多瑙河出现了一条20千米长的石油污染带，并有浮油到达了保加利亚”，多瑙河水的沉淀物中，铜、锡、铅等有害重金属的含量正迅速增加，平均超标2倍⑥，而下游约有10万人以多瑙河水为饮用水和农田用水；（2）科索沃战争的50天中，北约共出动2万架次战机，摧毁了南联盟的70%的燃料库和超过半数的军火库⑦，	（1）美国用来轰炸塔利班藏身之地的导弹能钻入地下10多米，这种炸弹对地壳的破坏力绝对是毁灭性的。以至于前不久阿富汗发生严重的地震，造成了严重的人道主义灾难⑩；（2）由于阿富汗地形原因，美军大量使用了15000磅的BLU－82燃料空气炸弹（装药为硝酸铵和硝酸铝混合物）。一枚15000磅的BLU－82航弹爆炸时，所产生的峰值超压在距爆炸中心100米处可达13.5公斤/平方厘米（在核爆炸条件下，当超压为0.36公斤/平方厘米时即可称为“剧烈冲击波”），

续表

	海湾战争	科索沃战争	阿富汗战争
对环境造成的破坏	克，国家地质和矿藏勘探集团泄漏硝酸汞、氯化汞、氧化砷等多种剧毒或有毒物质7874千克，国家电力集团泄漏盐酸15万千克、腐蚀性苏打16.4万千克，国家磷肥集团泄漏560万千克、浓磷酸500万千克……④；(4)美军就大量使用了贫铀弹，具体数量至今秘而不宣，据估计可能超过80万枚，总计约320吨。当时曾大出风头的“坦克杀手”A-10“雷电”攻击机，就靠使用贫铀弹摧毁了上千辆T-72坦克⑤。	结果导致“5月17、18日，潘切尔市上空二氧化硫含量超过正常值的10600倍”⑧；(3)1999年在南联盟投下31000枚贫铀弹，严重破坏了整个巴尔干地区的生态环境⑨。	超压冲击波以每秒数千米的速度传播，还能产生1000℃—2000℃的高温，持续时间要比常规炸药高5-8倍。同时它会迅速将周围空间的“氧气”吃掉，产生大量的二氧化碳和一氧化碳，爆炸现场的氧气含量仅为正常含量的1/3，而一氧化碳浓度却大大超过允许值，造成局部严重缺氧、空气剧毒。⑪

注：①③Tahir Husain, *Kuwaiti Oil Fires*: *Regional Enrironmental Perspectives*, Oxford, UK: Elsevier Science Ltd, 1995, p.219 \ 142 \ 33.

②范海刚：《海湾战争的后遗症》，《中国矿业报》2000年1月22日。

④Saul Bloom, John M. Miler, james Warner and Philippa Winklen (ed.), *Hidden Casualties*: *Environmental*, *Health and Political Consequences of the Persian Gulf War*, London, UK: Earth Scan Publication Ltd. 1994, p.162.

⑤⑨⑩《人类、战争与环境关系的历史趋势》，载《国防科技参考》2002年第7期。

⑥⑧赵朝成、赵东风、彭力：《北约空袭环境遭殃》，《世界环境》1999年第3期。

⑦James F. Dunnigan & Austin Bay, *From Shield to Storm*, New York, USA: William Morrow and Co Inc., 1992, P.263.

⑪ http: //jczs.sina.com.cn 2003年3月14日。

为了强有力地说明战争对第三世界环境的破坏，下面全文录入余智骁、蒋晓峰等记者在2006年11月《半月谈内部版》发表的关于阿富汗、伊拉克和黎巴嫩的生态环境在美国和以色列发动的战争中遭受严重破坏的报道。①

阿富汗：山川在哭泣

呆在阿富汗的日子里，记者所到之处，都能看到20多年战争给这个国家的生态带来的创伤：森林锐减、地雷遍地、农田荒芜……战争使得阿富汗的山川大地默默哭泣。

据联合国的一份报告，连年战争使得阿富汗森林减少了40%～70%。战争期间的轰炸和交火毁掉了大片森林。记者从喀布尔市驱车北行，路两边土地荒芜，几乎没什么树木。当地老百姓介绍说，塔利班夺取政权后，喀布尔的游击队经常在路边偷袭塔利班，后者因此砍掉树木。塔利班为惩罚敢于抵抗的军民，也烧掉当地的房屋和森林。此外，战争期间，乱砍滥伐森林现象严重。

森林剧减使得这个国家河流干涸，沙尘天气增加。喀布尔市里有一条喀布尔河，现在几乎干枯，里面尽是垃圾、污水，散发着恶臭。记者到达喀布尔的第一天，刚出机场就遇上了沙尘暴，大风卷着沙尘，使人几乎睁不开眼睛。

长年战争使得这个国家遍布地雷。去喀布尔市郊以及外省一些地区时，记者都得小心翼翼，看清是否有地雷。记者曾前往阿中部巴米扬省参观巴米扬大佛，没想到大佛前也还有一大片雷区，让人有点心惊肉跳。坐在车上，经常看到公路两旁农田荒

① 余智骁、蒋晓峰等：《生态在美以发动的战争中深深受伤》，载《半月谈内部版》2006年11月。

芜，田地里画着白线和红线。白线表示地雷刚被清除，红线则表示那里还是雷区。

联合国阿富汗援助团发言人哈利姆？西迪克向记者介绍说，这个国家仍有7亿多平方米土地有待清理地雷，阿富汗现在每个月有约60名无辜平民被地雷炸死。

伊拉克：挣扎在贫铀弹的余孽中

伊拉克战争已经结束3年多，但是战争对伊拉克造成的污染像瘟疫一样蔓延，越来越多伊拉克人的性命被吞噬，几代伊拉克人面临严峻的健康威胁。

卫生部门报告说，战后的伊拉克死胎、畸形儿等医学怪病层出不穷，癌症像流感一样普遍。伊卫生部不久前宣布，目前，伊拉克不到2700万人口中，癌症患者高达14万多人。巴格达核与辐射医学院每天都要接待来自伊拉克各省的大约150多名患者，已有数万名患者因患各种肿瘤死亡。有专家预测，伊拉克肿瘤患者平均每年将增加2.5万人以上。

伊拉克人的健康状况为何如此惊人地恶化？罪魁祸首是美军。为了加快战争进程，减少美军自身的伤亡，美军向巴格达附近区域投掷了含有放射性铀的贫铀弹药多达上百吨，其使用数量比1991海湾战争时的投弹量多3~5倍。

贫铀弹在时间和空间上产生的危害是一般武器所无法比拟的。在爆炸过程中，其高度浓集的铀会形成放射性微粒和气溶胶，其中50%以上是可吸入粒子。贫铀弹爆炸后，会造成局部地区铀浓度的骤然升高，放射性微粒和气溶胶随空气流动四处飘散。英国有媒体曾报道说，2003年的轰炸使铀微粒悬浮在空气中，有的随风飘过整个欧洲大陆，到达英国，使英国“自食其果”。美国在伊拉克使用贫铀弹也导致驻伊美军中不断有士兵患血液细菌感染病、皮肤溃烂、气短、莫名其妙的腹部疼痛、关节痛以及尿频、心肺病、肝脾肿大等，还有的由于心理压力造成神经紊乱。

贫铀弹对伊拉克造成的危害是长期的。据悉，贫铀半衰期长达45亿年。联合国环境规划署2005年证实，伊境内共有311处贫铀污染地。爆炸除直接对人体产生杀伤外，产生的放射性微粒对空气、水质、土壤、植物造成综合污染。

其实，早在10多年前的海湾战争中，伊拉克就曾遭受过贫铀弹袭击，尤其是在伊拉克南部地区。在巴士拉省发现了8个被贫铀弹污染的农业区，大片的椰枣树林也受到了贫铀弹的污染。伊拉克南部的济加尔省受到放射物污染的指数比以前高了60多倍。伊拉克其他一些省份和地区也都不同程度地受到了放射性物质的污染。联合国粮农组织、世界粮食计划署和世界卫生组织等一些国际机构在1996年曾做过检测，结果表明，伊拉克土壤和一些植物也受到了放射物质污染。报告认为，土壤和植物的污染会通过食物链传给人。由此，伊拉克出现了大量先天性畸形儿、肌肉和神经系统疾病，流产、白血病、淋巴癌和乳腺癌等也司空见惯。

沙特阿拉伯《生活报》去年曾撰文指出，伊拉克是世界上唯一连续14年受到辐射污染的国家，可能有2250万人受到了伤害，而作为首都的巴格达也已经连续3年被评为全球生活质量最差的城市。

黎巴嫩：数年无法恢复的伤痛

黎巴嫩地处地中海东岸，首都贝鲁特依山傍海风景美不胜收，然而今年7月一场突如其来的战争却令这个优美的海滨国度陷入了一次空前的生态灾难中。

7月，以色列战机两次轰炸了位于首都贝鲁特以南吉耶的一个发电厂，造成该发电厂3个储油罐泄漏，约1万~1.5万吨重油像一条黑色的河流一样滚滚流入蔚蓝色的地中海。

燃油泄漏后，由于以军的持续轰炸，黎巴嫩政府无法及时出海围栏泄漏的燃油，导致黎巴嫩约150公里的海岸线受到污染，浮油甚至向北漂移到叙利亚和塞浦路斯沿岸。更可怕的是，由于打捞工作在停火后才开始，有一部分燃油甚至已沉入地中海无法清除。

在远离泄漏地点的黎巴嫩北部海岸，海水虽然看上去很清澈，但记者光脚在沙滩上走了不到10分钟，脚下就被油泥完全染成了黑色。由于重油的比重比较大，因此有不少重油已沉入沙滩下。

虽然黎巴嫩政府在一些国际环保组织和志愿者的帮助下，正在积极地打捞浮油，清理海岸线，但由于受污染的面积很大，所以清理工作需要整整一年的时间才可能完成。黎巴嫩环境部长萨拉夫告诉记者，黎巴嫩需要数年的时间，耗费数百万美元才能逐渐从这场生态灾难中恢复。

直接受到冲击的就是黎巴嫩的旅游业和捕鱼业。黎巴嫩的白色沙滩每年吸引着上百万的外国游客，现在，白色沙滩完全变成了黑色，原本人满为患的沙滩空空荡荡。黎巴嫩旅游部长萨尔吉斯说："没有3年的时间，黎巴嫩旅游业是不会恢复到战前状态的。"据当地经济界人士分析，2006年黎巴嫩的生产总值预计会下降10%。

目前，黎巴嫩政府已经禁止渔民出海捕捞，使丧失了经济来源的渔民生活陷入窘困。而且，有毒化学物质的影响将长期存在。人一旦食用了受污染的海产品将会大大增加致癌等风险。

一些珍稀海洋物种也受到了威胁。黎巴嫩的海滩是濒危生物海龟的繁殖地。每年夏天雌海龟会在沙滩上产卵，而今年的燃油外泄已危及到来此产卵的雌海龟和海龟卵。

3．“环境战”给自然生态环境的直接破坏

环境战古而有之。环境战就是为了达到战争胜利之目的，而把对方的环境作为军事打击目标或把己方的环境破坏的一种战争行为。

对于直接以破坏环境来达到战争之目的的例子，古今中外，不胜枚举。

越战中，美国为了消灭“纵林战士”而大量使用落叶除莠剂，使越南南方的40%的森林、43%的农作物遭到毁灭性的破坏。

在海湾战争中，伊拉克把科威特油田当作“生态武器”来使用，致使科威特的749口油井被战争损坏或故意破坏，其中650口油井被点燃或泄流。这样一来，给脆弱的沙漠环境造成了巨大的破坏。[①] 被炸燃的科威特油井，不仅使其每天烧掉1.2亿美元的财富，且燃烧的浓烟严重地污染了大气；还有3.15亿加仑的原油泄入海中，对海洋造成严重污染；同时，由于输油管的破裂，在海港区域残留着7500万余桶原油，形成数百个石油湖污染着环境。[②]

在科索沃战争中，炼油厂、油库、化工厂等等往往成了首选的重要打击目标。北约对南斯拉夫联盟的“空中打击”就是采用了这样行动的一个较为崭新的事例。英国《卫报》1999年5月17日文章《联合国必须解决致命的战争遗祸》说，北约对炼油

① ［美］世界资源研究所：《世界资源报告（1992—1993）》，中国环境科学出版社1993年版，第201页。

② 蔡守秋：《论环境外交的发展趋势和特点》，http：//www.yfzs.gov.cn/ 2003－02－18 21：59：14。

厂、化工厂的轰炸和石油外溢已经污染了多瑙河——这条流经欧洲最多国家的国际河流，河面上漂着10英里长的浮油，天空飘着有毒烟云，地下水渗透着有毒化学物质，严重地影响了欧洲特别是巴尔干半岛地区几代人的生存与发展。

综观之，资本主义的私有制必然引起阶级利益、民族利益和国家利益对立，利益之争又必然导致包括军事、经济、资源、环境、人才等战争的爆发。为了一己私利，西方发达资本主义国家把迅速发展的科学技术最快地用于战争，用于保卫自己的利益特别是用于替资本的无止境的扩张保驾护航，这正是资本主义的本质所使然。科学技术的发展，鼓励和造就着资本扩张和攫取最大利润的野心的疯狂膨胀，这种扩张和膨胀又转而刺激科技的发展，使资本和科技结下了不解之缘。资本与科技的联姻使得全球的劳资关系和全球的环境问题不断地得到恶化，这也是资本主义制度下战争必然性的逻辑。这些战争带来的破坏是不言而喻的，单是一个局部常规战争就足以使一个地区甚至全球的生态环境系统遭到破坏，海湾战争和科索沃战争就是鲜明例证。一旦核战争发生，整个人类和地球生态系统就要被毁灭。这些残酷的现实要求人们必须抛弃私有制，建立起全社会公有制，实现了社会主义和共产主义。只有在公有制社会里，阶级、民族和国家利益的对立才会消失，世界就才不会再存在战争，也就不再需要生产各种战争武器。那些用来制造武器的物质财富就可以用来满足人们的物质文化生活需要，从而可以缓解地球的承受力，使人与人、人与自然达到真正的和解。

二、现代高科技的异化加剧了全球性环境问题

科技对人类社会发展是一柄双刃剑。科学技术的资本主义应用带给人类一定进步，同时也相应地产生了负效应。资本主义全球化的深化、科技的不断革新，造成人类在自己的历史上“第一次拥有了这样一些文明技术，它们使人类有能力持久地损害、甚至无可挽回地摧毁生命的自然基础。违背自然界循环规律的负荷——这种负荷是我们用科学技术文明的产物强加给空气、水和土壤的——使得自然环境的再生能力出现了问题”。①

科技，成为西方在全球化进程中对人类共同财富进行合法化掠夺的工具。在科技帮助下，西方的掠夺超越了传统方式，他们通过跨国公司在各种生物化学、药物和农业食品等方面以私人占有生物资源的形式进行。这种掠夺在所谓的专利权保护下成为合法化了。“可以说，现在唯一的‘世界权利’是‘知识产权’。这可以使私人资本变成世界生物资源的主人。而这些生物资源，92%是在亚洲、非洲和拉丁美洲。”② 在西方主导的国际贸易格局中，“保护知识产权”成为西方剥削和压迫的新工具。“如果在一桩并购案中，一家第一世界的公司合并了另一家第三世界的公司，前者做的第一件事就是砍掉后者的研发部门。这种分裂性的做法会将所有权这个概念带入一种极端的辩证矛盾中：在印度，当地人突然发现，他们用了几百、几千年的诊疗方法和药品一日之间属于美国公司了，他们要使用，就得给美国公司付钱。现在，生物基因公司已逐渐把一些遗传基因申请为自己的专利，我们会无奈地发现，我们身体中的一部分——我们的基因组织——已被注册登记，它们不再属于我们了！”③ 透过世贸的专利条例，跨国企业不但控制赚钱的生产技术、性命攸关的医药，以至控制农民沿用千百年、赖以维生的生物资源。第三世界国家已经提出过不少投诉，指责发达国家的生化企业以记录植物的基因序列申请

---

① ［德］勃兰特：《民主社会主义的未来》，载戈尔巴乔夫、勃兰特等著：《未来的社会主义》，中央编译出版社 1994 年版，第 28 页。

② 《全球化与技术》，载西班牙《国家报》2000 年 8 月 30 日。

③ ［斯洛文尼亚］斯拉沃热·齐泽克著，张兆一译：《帝国》：21 世纪的《共产党宣言》，载《国外理论动态》2004 年第 8 期。

专利，霸占窃取第三世界国家民众沿用千百年的粮食和草药品种。

转基因作物属于高科技产物，但它的生物安全性有多大、会对人类和其他生物以及地球的未来会构成什么样的威胁，掌握技术的一方并没有一个令人信服的解答，只是一味地鼓吹转基因作物会给人类带来无比的好处。2000年9月30日至10月1日，在印度新德里举行的有关未来农业发展形势问题的国际研讨会上，就谈到“基因污染”，即一个地区只要有人种植转基因作物，花粉的传播就会使附近大片地区的作物出现变异，导致产量和质量的下降。这种污染的好处是将能帮助跨国基因种子公司通过种子垄断实现食品垄断，最后控制转基因作物进口国的经济命脉。况且，现实已经使“基因”神话受到质疑，通过改变粮食的基因来防止农作物减产而增加土地产出，结果导致“基因污染”。转基因玉米导致大量蝴蝶死亡。儿童饮用转基因大豆豆浆产生过敏反应。另外，基因改变食物操纵在大企业家手中，他们有专利权，许多食物新种是私有财产，世界上所有人口，终有一天都要靠他们的物种而活着。英国《观察家报》最近披露，英国最大的公司之一阿斯特拉—捷利康公司参与秘密开发并已获得了一项叫做“终止子”技术的专利，该技术使农作物产生不育种子，使农民无法从收成中自由地采种，因此不得不每年向生物技术公司购买新的种子。我们不禁要问：“基因改变食物是为了养活世界上庞大的人口吗？有没有办法让人口减少？这种食物是科学家为了好奇，还是为了赚大钱？谁在赚钱？不会是那些挨饿的人吧？环境永续更是自欺欺人，在‘道高一尺，魔高一丈’的无限膨胀竞赛中，如何会有永续？”①

“绿色革命”是一个高技术负面影响的很有说服力的实例。美国洛克菲勒基金会发起的绿色革命，确实给墨西哥和印度乃至

① 参见《海外星云》2000年第21期。

整个世界带来了粮食产量的大增。西方在开发这一高技术及产品时，考虑的只是出卖这种技术和相关产品能给自己带来的巨大利润，根本就没有去过多地思考它对环境、土质、日照、化肥、农药和供水的苛刻要求。结果，第三世界国家的粮食增加了，两极分化和环境破坏也严重了。印度德里大学教授马诺兰江·莫汉蒂说："绿色革命使一些人富了起来，但是2/3以上的印度人不在此列。"[①] 另一位印度学者称此情况为"变质的绿色革命"：地下水被过度地开采，农药化肥严重污染着水源，土地兼并严重，农村负债累累和农民承受着巨大代价，原因都在于"经济利益被少数人占有，而长期的恶果将影响千百万贫穷的农民"。[②] 通过绿色革命，提升种子的品质来提高粮食的单位产量，结果造成农药、化肥、除草剂对水源的污染、过度地开采地下水，以及像种子化肥等农资跨国公司对第三世界国家农民的控制，等等。

高科技本身对环境也有一定的破坏作用。利用高科技发展起来的新兴产业曾经一度被人们认为是"干净"的行业，可是实际上在其不长的发展历史上已留下了令人吃惊的污染记录。譬如，被美国环保署列入"有害污染源"的名单上，位于硅谷的比美国其他任何地区都多。硅谷还有超过150处的被污染的地下水源，其中大多数都与高科技生产相关。

信息技术——一种由西方主导的高科技，被西方世界吹嘘是经济全球化的强力载体，被认为可以大大缓解环境和资源压力。但是事实是，作为信息技术核心的电脑，不仅生产对环境造成污染、对资源造成压力，而且废弃后更破坏着生态环境。日本联合国大学的一个研究小组综合对日美两国的电脑厂家的调查结果，发表了一份报告。报告说，生产一台电脑需要耗费包括燃料、

① 《绿色革命效果不平衡》，载美国《洛杉矶时报》1998年2月5日。
② 《变质的绿色革命》，载英国《新科学家》周刊2000年7月8日。

水、金属材料和化学物质等大约1.8吨资源，电脑的大量生产就意味着大量的废弃，这些都将对地球环境产生严重的影响。报告还显示，生产一台17英寸液晶电脑显示器，需要240公斤化石燃料、1500公斤水和22公斤的化学物质。研究人员警告说："各国的电脑销售台数直线上升，如果各国政府和企业致力于电脑的生产和普及，那么'电脑热'将致使全球变暖和化学物质污染问题更加严重。"[①]《联合早报》2002年2月26日一文指出，一份名为《开发危害：亚洲的高科技垃圾》的报告，揭露了发达国家卖给发展中国家的大批旧电脑，正造成严重的环境污染问题。报告作者认为这是"网络时代的一场噩梦"：在中国东南部的许多村庄，那些还贴着美国使用者姓名的旧电脑正在被拆卸，废件就丢弃在河岸上和田野里。此报告的另一作者西雅图巴塞尔行动网络的帕克特说："我在第三世界国家看过很多肮脏的运作，然而看到人们如此处理这些电脑垃圾，不得不令我震惊。"

日本《每日新闻》2001年2月26日文章《信息技术革命与地球环境》说，经济信息技术化，因给发达资本主义国家带来了经济的大发展，被称为具有历史意义的壮举。以因特网为基础的信息电子化，既促进了"脱离物质化"的经济结构变革，又有利于环境的保护和资源的节约。但是，信息技术革命的进展果真能成为地球环境问题的救世主吗？西方发达资本主义国家是可以通过信息技术抑制能源消耗和环境保护。因为他们把污染型工厂、把一些高科技行业的零部件生产和组装过程转移到环保法律法规滞后的第三世界国家。这样他们就把环境污染和资源耗费的负荷转嫁到第三世界国家的头上。美国《国际先驱论坛报》2001年7月30日文章《网络垃圾与地球》的作者雅各布·帕克说，信息革命和全球环境问题都在改变我们的世界。但令人奇怪的是，很少

① 《生产一台电脑耗费资源知多少》，载日本《东京新闻》2002年3月8日。

有人谈论两者之间的关系。新技术的引入对于环境和资源具有重大的影响，因特网技术似乎也不例外，这其中包括许多人们没有预料到或没有发现的东西。在我们希望通过实现技术革新和发展来缓解全球环境问题时，我们忘了：正是我们对于技术的过分依赖和不合理使用才使我们的星球处于目前的危机之中。西方主导信息技术并利用信息技术误导人们的思想，其中险恶居心是“司马昭之心，路人皆知”。为此，文章作者梳理出了人们对高科技与环境之间关系的一些误传并作出了较客观的分析：

误传一：计算机和信息技术的广泛使用意味着对自然资源的更少消费。

分析：我们一度认为电子通信技术能够很快实现无纸办公室并能够大大减少我们对于纸制品的需求。然而，这种观点没有将信息技术的副作用考虑在内，包括信息技术使人更加容易造成纸张的浪费。世界上最大的办公打印用纸出口国加拿大近 15 年来的办公用纸出口增加了一倍，而美国打印机生产商惠普公司预测，今年北美的激光打印机用户将使用 12 万亿张打印纸，这一数字在 5 年内增长了 50%。

误传二：计算机和因特网的使用所耗费的电力占了电力总消费的很大比重。

分析：近几年来，一些能源分析人士预测，美国国内与计算机和因特网有关的电力消费将在今后 20 年内最终达到美国总电力消费的一半。

误传三：对信息和通信技术的更大依赖意味着污染和固体垃圾的减少。

分析：信息与通信技术的广泛应用为人类的生产生活带来了无比的方便和快捷。但我们却会因为制造大量的电子垃圾而付出环境代价。欧盟的消费者目前每年要扔掉 600 多万吨废弃的计算机、手机和其他电子垃圾，而且几乎所有这些垃圾要么进垃圾填埋场，要么不经任何处理直接进焚烧炉。为解决这一问题，欧洲议会已经于2001年春天提出了有关使电子和电气设备可再循环的新法案，法案还将限制这些设备中的有害物质含量。美国的情况更加糟糕。据预测，到2004年，美国将会拥有超过3.15亿台废弃计算机，这其中许多计算机将进垃圾填埋场、焚烧炉或是作为有害垃圾出口。

误传四：在网上购买产品比用传统方式购买对环境更有利。

分析：要当一名环保型电子商务消费者，在决定上网购买商品时首先要将几个因素考虑进去，包括包装和运送商品的方式。例如，如果你选择在网上购买商品而不是开车一小时去一家商店购买的话，那么你的行为是有利于环保的。然而，如果你通常选择用特快专递获得你的商品，那么用飞机运送你的商品可能对环境就没有任何好处。

三、环境技术竟成了第三世界国家环境进一步破坏的工具

面对环境与政治的压力，西方发达资本主义国家首先进军生态环境技术领域。其实，企业的主要目的是这背后隐藏着的成千上万亿美元的市场与利润。在“环境技术”不断应用的情况下，西方国家的环境得到了一定的有效保护，而第三世界国家就必然成了他们环境污染的转移对象。西方国家极力禁止把先进的环保核心技术转让给第三世界。因为大多数西方发达资本主义国家并不鼓励向第三世界国家转让“清洁技术”，西方国家通过“内化”这些技术，可以增强确立贸易产品的较高环境标准的能力，从而赚取更多的利润；因为他们认为有些“环境高科技”产业根本就不适合劳动力素质普遍较低的第三世界国家，更何况高科技在相应地减少劳动力的使用。就某种意义而言，环境技术的真正环保应该说只在于西方国家的本土，而对于广大第三世界国家来说，环境技术竟成了西方国家进一步剥削和压迫第三世界国家和人民

的工具。国际垄断资本追求的永远是利润，环境问题理所当然也成了它赢利的机会。

由于西方国内保护环境意识的提高，政府和地方自治体就着力把有碍环境保护的行业及技术向发展中国家输出。在受害的亚洲国家的人们眼里，日本是破坏环境的大国，日本企业的亚洲活动和金融机构的所谓援助，严重威胁着并破坏了亚洲国家的环境。日本《世界》月刊2001年7月号文章《日本出口“环境破坏”》认为，世界正朝着脱离核电站方向的趋势发展，日本却热衷于向发展中国家推销核电技术。文章说，风光明媚的台北县贡寮乡正在大约有1万人生活的城镇旁建设“第四核电站”。迄今为止，台湾3个地方的6座核电站发生了多次事故。在“核四”建设中，东芝和日立制作所将分别对其出口一座核反应堆，三菱重工将出口发动机。这是日本首次进行的核出口。为对台湾进行殖民地统治，1895年日军登陆时曾经选择了建设现场前的海岸。当地抗议运动组织“贡寮反核自救会”的负责人说：“核出口是第二次侵略。为了不破坏迄今为止与日本构筑的友好关系，希望停止出口（核电站）。”

第二节　科学技术的社会性质

科学技术的产生要有一定的历史积累和社会生产力基础。它一方面有自己发展的规律并且会造成不以人们意志为转移的社会关系的转化，另一方面受制于一定的社会力量，其作用的积极或消极以及这种作用达到怎样的程度，取决于谁来占有和用于何种目的。[①] 科学技术不是可有可无的东西，而是实现人与人之间的

---

① 唐袅：《科技属于人民》，中国人民大学出版社2001年版，第12页。

和解以及人与自然之间的和解的一种社会制度变革外的理性工具。在当前的国际秩序中，要充分认清科学技术的社会性质，既不能搞“科技决定论”，也不能信“科技否定论”，只有这样，科学技术的历史航标才不会偏离人民。

一、科学技术的资本主义属性

属性是事物质的外在表现，是事物本身固有的。属性是一事物和他事物相联系过程中的动态表现。事物的属性主要是根据人们社会实践的需要来确定的。科学技术也就相应地具有了资本主义属性和人民属性，其资本主义属性必然被其人民属性所替代。目前，科学技术过多的是表现为资本主义属性，人民的属性已在人类社会历史实践中慢慢地释放。

对于科技在资本主义条件下的异化问题，西方马克思主义者进行了比较系统深入的研究。法兰克福学派的霍克海默和阿尔多诺在《启蒙辩证法》等书中就认为，科学技术的发展和应用，一方面实现了人与自然界的分离，增强了人控制和支配自然的权力，另一方面加剧了人同自然的异化、人与人的异化。尔后，马尔库塞对霍克海默等人的观点进行了卓有成效的发展。他认为，“在现存社会中，越来越有效地被控制的自然已经成了扩大对人的控制的一个因素：成了社会及其政权的一个伸长了的胳臂”。[①]马尔库塞说，这是资本主义科学技术的“意识形态化”。他强调：“在工业发达国家，科学技术不仅成了创造用以安抚和满足目前存在的潜力的主要生产力，而且成了与群众脱离的使行政机关的暴力合法化的意识形态的新的形式。”[②] 可见，科学技术对环境

---

① ［美］马尔库塞：《工业社会和新左派》，商务印书馆 1982 年版，第 128—129 页。

② 转引自欧力同的《科学技术与意识形态》，载《人文杂志》1994 年第 5 期。

和人的异化作用不是科技本身具有的特性，而是资本主义将其“意识形态化”的结果。通过科技来控制自然进而控制人，其本质在于把资产阶级的利益冒充为全社会全球人民的普遍利益，用虚幻的共同利益来欺骗人民大众以维护资产阶级的一己私利。

弗罗姆从资本对自然的存在与占有角度，对科学技术作出了比较客观的评价，他提出要“发扬存在指向而克服占有指向”。他说：“人类文明是以人对自然的积极控制为滥觞的，然而这个控制到工业化时代开始就走向了极限。……工业的进步强化了这样一个信念，即我们正在走向无限制的生产，因而也就是无限制的消费；我们正借助技术日趋无所不能；借助科学日趋无所不知。我们曾想成为神，曾想成为一种强有力的生物，它能创造一个第二世界，在那个世界里，大自然只需为我们的新创造提供材料而已。”然而，事实却正好相反，“技术进步不仅破坏生态平衡，而且带来核战争的危险，……可能给每一项文明甚至可能给每一个人带来末日”。[①] 时至今日，科技的资本主义运用已经把生态系统毁坏到接近总崩溃的边缘，可又有多少人真正地能够理解和认同科技的这种异化作用？据资料显示，目前全世界真正从事环境保护和替代资源研发的科学技术人员还不到10%，创造新的替代资源的科技发展速度远远赶不上消耗不可再生资源的速度，治理污染的科技发明远远赶不上污染环境的科技发展，多数科学家所从事的科学研究，都程度不同地污染着环境或干扰扭曲着自然规律和自然演变进程，多达30%的科学家、工程师和技术员从事着以军事为目的的研究开发，发明创造出越来越多更具有危害性甚至毁灭性的武器。[②]

---

① ［美］弗罗姆著，杨慧译：《占有与存在》，国际文化出版公司1989年版，第153页、第1—2页。

② 王诺：《不可坍塌的生态长城》，载《社会科学报》2002年9月5日。

于是就产生了否定科技，把科技视为“万恶之源”的思想观点。美国人文主义物理学家卡普拉就从生态环境的角度完全否定科学技术。他认为“科学技术严重地打乱了，甚至可以说正在毁灭我们赖以存在的生态系统。”① 虽然观点有点绝对，但他告诉我们，科学技术对当今人类所赖以生存的生态环境的破坏负有不可推卸的责任。美国学者拉兹洛也曾指出，过去二三百年的技术有相当一部分不是给人类造福，而是给人类造祸，因为它们消耗太多的能量和物质，造成的环境损害太严重。②

我们不能把对科技负面影响的批判等同于对科技的否定，把科技同“万恶之源”划上等号，否则就会消解人们对资本主义社会的批判，掩盖造成科学技术异化的社会根源，回避资本主义的基本矛盾。我们只有从现存的实际社会关系出发，才能说明清楚科学技术的社会性质，破解资本主义将其意识形态化之招。马克思说：“意识的一切形式和产物不是可以用精神的批判来消灭的……只有实际地推翻这一切唯心主义谬论所由产生的现实的社会关系，才能把它们消灭；历史的动力以及宗教、哲学和任何其他理论的动力是革命，而不是批判”。③ 马尔库塞、莱斯等西方马克思主义者，对资本主义将科学技术的“意识形态化”进行了入木三分的批判，强烈地批判当代资本主义社会中的科技异化现象，认为资产阶级为了控制人就得事先造成控制自然的虚假意识形态。可惜的是，他们在批判资本主义科技异化和意识形态化的同时，把科技本身也否定了；更可惜的是，他们没有看清资本主

---

① ［美］弗·卡普拉：《转折点：科学、社会兴起中的新文化》，中国人民大学出版社 1989 年版，第 16 页。

② 参见［美］拉兹洛：《系统哲学讲演集》，中国社会科学出版社 1991 年版，第 271 页。

③ 马克思：《费尔巴哈》，《马克思恩格斯全集》第 3 卷，人民出版社 1960 年版，第 43 页。

义基本矛盾的作用和科学技术的革命力量作用。也就是说，在这一点上，他们的分析研究远没有达到马克思的研究深度，马克思在《政治经济学批判》(1857—1858年草稿) 中谈到："如果说以资本为基础的生产，一方面创造出一个普遍的劳动体系——即剩余劳动，创造价值的劳动，那么，另一方面也创造出一个普遍利用自然属性和人的属性的体系，创造出一个普遍有用性的体系，甚至科学也同人的一切物质的和精神的属性一样，表现为这个普遍有用体系的体现者，而且再也没有什么东西在这个社会生产和交换的范围之外表现为自在的更高的东西，表现为自为的合理的东西。因此，只有资本才创造出资产阶级社会，并创造出社会成员对自然界和社会联系本身的普遍占有。由此产生了资本的伟大的文明作用；它创造了这样一个社会阶段，与这个社会阶段相比，以前的一切社会阶段都只表现为人类的地方性发展和对自然的崇拜。只有在资本主义制度下自然界才不过是人的对象，不过是有用物；它不再被认为是自卫的力量；而对自然界的独立规律的理论认识本身不过表现为狡猾，其目的是使自然界（不管是作为消费品，还是作为生产资料）服从于人的需要。"① 他们虽然也对资本主义制度进行了问题化的批判，但由于没有触及到资本主义的基本矛盾而总是缺少点战斗力，尽管有时也逻辑地提到马克思和恩格斯，但在运用时却有意无意地抹掉了马克思和恩格斯的政治锋芒。

不管怎样，西方舆论总是爱把科学技术抬到缥缈的云层之上。在西方现存的经济政治秩序范围内，科学技术只有在为资本家带来巨大利润的情况下，才被认为是有价值的，资本家才给予某些科学技术以奖励或者干脆就是付出收买费。离开这种收买

① 马克思：《经济学手稿》(1857—1858的)，《马克思恩格斯全集》第46卷(上)，人民出版社1979年版，第392—393页。

费，科学技术自己无法实现价值。这里所遵循的仍然是资本增值的逻辑，只是它被一种有意制造的对于科学技术的神话所扭曲而已。科学技术在目前的国际秩序下，由于东西南北方的长期对立，由于西方资本主义想一统江湖，技术对一方有利同时就意味着对另一方的不利。但是，我们应该清楚，这种对立无论如何不能理解为纯科学技术的对立，而是社会的对立。科学技术的掌握要区分是少数人掌握还是多数人掌握、是为社会最大多数人谋利还是为少数人谋利。20世纪末世界军费高达8000亿美元，但是用于解决目前世界尤其是第三世界的环境问题，只需五六百个亿美元。这样的问题，在所谓“纯科学技术”的意义上完全无法回答。

当然，美国和西方国家拥有当代最发达的科学技术。但是先进不先进，并不是一个抽象的话题。如果这些科学技术在一种维护和实现极少数人私利的社会制度、社会关系下，被这极少数人的私欲所驱动，就会走到人类的反面，给人类及其生存和发展所依赖的自然生态环境带来灾难。社会的进步也不能简单地用科技进步来代替，社会的革命同样不能用科技革命来替换。科学技术只不过是人类社会历史运动和社会联系中的科学技术。20世纪末风靡全球的好莱坞巨片《泰坦尼克号》，用泰坦尼克号的沉没宣告了“科技神话”给人类带来的毁灭性的灾难。当时，那艘代表着19世纪最先进技术的“永不沉没的”巨轮，使这些有钱人狂妄自负，认为科技可以使他们主宰自然、左右环境，认为他们才是文明与进步的领头羊。资本主义靠科技和工业、通过全球扩张积攒起来的文明算是真正的文明和进步吗？这种“文明”和“进步”已经使得全球气温升高、两极的冰山开始融化、大气污染严重、森林面积锐减、生物多样性减少、水体污染恶化，等等。如果这种“文明”和“进步”再不停止的话，人类有可能与地球一起毁灭。利奥波德对这种“文明”和“进步”提出了一个根本性的问题，他说："两个世纪的'进步'给多数市民带来了一个选举权，一首国歌，一辆福特，一个银行账户，以及一种对自己的高度评价；但是却没有带给人们在稠密居住的同时不污染、不掠夺环境的能力，而是否具备这种能力才是检验人是否文明的真正标准。"①

也许，在西方垄断资本的眼里，科学技术要光辉、闪耀，就必须要有个愚昧无知、落后贫穷的黑暗背景。西方总爱横加指责第三世界的"贫穷加剧环境恶化"，好像他们今天就忘记了昨日做过的事情：难道不正是西方列强近五百年的劫掠和战争、西方富人和富国的利润欲望和过度消费，造就了今天的穷人和穷国，造成了今天的地球环境问题吗？联合国报告说，西方国家1名儿童为世界增加的消费量和污染量，至少相当于第三世界国家的30名儿童。即使是滥伐森林现象集中出现在第三世界国家，但是伐下的一半以上的木材是出口到西方国家使用。1998年11月3日，14个太平洋岛国在布宜诺斯艾利斯举行的联合国第四次世界气候变化会议。美国非政府组织——国际人口行动组织，向会议提供了它对175个国家长达45年的调查结果，证明大气层二氧化碳中的65%是由集中在发达国家的占世界人口1/5的人释放的，而另外1/5的人释放量仅占2%。是的，人类的一小部分人喜于科技的发达，另外大部分人却愁于科技的落后。虽然20世纪科技的飞速发展为人类社会进步插上了翅膀，但是这种翅膀却被套上了沉重的锁链。既定的西方主导的国际经济政治秩序严重地阻碍着科技的健康发展。英国《经济学家》周刊1996年5月25日一篇文章说得好："现在，在大多数情况下，北方不再为自己的财富感到愧疚，或者是急切地想看到南方的状况改善。它们

① Aldo Leopold: Game Management, Charles Scribner's Sons, 1933, New York, p.423.

宁愿让南方继续贫穷。”①

在科技与环境方面，第三世界遭受着双重的灾难。一方面，在自己最需要科技人才的时候，自己辛辛苦苦用少得可怜的教育经费培养的人才，却成了西方集中掠夺的对象，成了替西方国家发展服务的“人力机器”；另一方面，仅供自己发展需要的资源与环境，不但成了西方国家发展的对象物，而且大多数是毁在自己人发明创造的科技车轮之下。从这个意义上讲，对于第三世界国家来说，这双重的灾难正以葬送自己现在的途径葬送自己的未来。

环境及发展问题仍然不能不归结于：科技这种工具掌握在谁手里和被用来做什么？马克思说过：“在我们这个时代，每一种事物好像都包含有自己的反面。我们看到，机器具有减少人类劳动和使劳动更有成效的神奇力量，然而却引起了饥饿和过度的疲劳。财富的新源泉，由于某种奇怪的、不可思议的魔力而变成贫困的源泉。技术的胜利，似乎是以道德的败坏为代价换来的。随着人类愈益控制自然，个人却似乎愈益成为别人的奴隶或自身卑劣行为的奴隶。甚至科学的纯洁光辉仿佛也只能在愚昧无知的黑暗背景上闪耀。我们的一切发现和进步，似乎结果是使物质力量成为有智慧的生命，而人的生命则化为愚钝的物质力量。现代工业和科学为一方与现代贫困和衰退为另一方的这种对抗，我们时代的生产力与社会关系之间的这种对抗，是显而易见的、不可避免的和无毋争辩的事实。”② 然而现代科学技术的纯洁光辉一方面只能在愚昧无知的黑暗背景上闪耀，只能制造世界的技术“种族隔离”，一方面也在按照自己的逻辑，创造消灭这种黑暗背景

① 《经济增长之谜》，英国《经济学家》周刊 1996 年 5 月 25 日。

② 马克思：《在〈人民报〉创刊纪念会上的演讲》，《马克思恩格斯选集》第 1 卷，人民出版社 1995 年版，第 775 页。

和“种族隔离”的条件，科学技术的黎明属于人民。

二、科学技术的人民属性

作为人类体力和智力延伸和拓展的科技，既可以服务于绝大多数人的长远、根本利益，增加人类福祉；又可以被少数人操作和利用，谋取局部的、眼前的利益。这取决于人类社会实践活动的实际需要。

科技的第一次革命，一方面使“资产阶级在它的不到一百年的阶级统治中所创造的生产力，比过去一切世代创造的全部生产力还要多，还要大”；[①] 另一方面，使资产阶级在资本主义发展的短时期内，对生态环境所造成的污染和破坏比过去一切世代对生态环境造成的污染和破坏的总和还要多、还要大。科学技术的资本主义运用促进了社会生产力的提高，也造成了分配的全球不公、环境的全球破坏和社会的全球冲突。环境问题的缓解和社会冲突的控制，迫切需要新的科学技术，科学技术的合理性利用必须渗透到了整个社会之中。资本家企图通过科学技术这一工具的发展而实现对自然环境和人的控制。结果，自然环境越来越不能宽容不合理的资本主义技术的滥用和对自己的破坏，时而不时地向人类发起了反抗和报复；受资本主义生产关系控制的第三世界国家人民和西方国家人民越来越不能忍受资本主义利用科学技术的全球化对自己的野蛮剥削和压迫，正在全面地逆转这种西方全球化。

西方资产阶级利用现代科技加紧推行全球化的过程，既是国际垄断资本在全球进行剥削和掠夺的过程与再生产其社会制度、社会关系的过程，也是人民日益掌握现代科技、集聚最终改变不

① 马克思恩格斯：《共产党宣言》，《马克思恩格斯选集》第 1 卷，人民出版社 1995 年版，第 277 页。

合理社会制度和社会关系的力量的过程。因为，科学技术按照自己固有的发展规律本能地趋向民主、趋向人民。“科学技术是一种革命的力量”，这已经成为妇孺皆知的名言。但是这只是说，科学技术只有在真正成为人民的力量的时候，才能够称得上是革命的力量。

科学技术是一种革命的力量，这不是一个抽象的、孤立的命题。这至少可以从两个方面作出解释。一方面，现代科学技术包括信息技术的成就，已经为人类社会的巨大进步——促进经济的普遍发展与人类的共同富裕，和保证人类绝大多数的民主权利、保证他们以平等的关系自觉地参与历史创造并在这种进程中实现自己的利益——提供了从未有过的现实条件。另一方面，科学技术只有在为人民所掌握并被用于实现人民的利益时，才真正获得革命的力量这样一种品质。在这两个方面的意义上，科学技术是一种革命的力量，而且对于这种革命力量的评价和肯定，无论高到怎样的程度都不会过分。

科学技术的革命价值取向，马克思恩格斯终生关注着。他们把科学技术看成历史发展的有力杠杆，认为它具有一种其他任何力量都不具有的推动历史进步和为人类造福的积极作用。恩格斯在专门研究当时法国物理学家德普勒在远距离输电方面的成果时，说到德普勒的最新发现“使工业几乎彻底摆脱地方条件所规定的一切界限，并且使极遥远的水力的利用成为可能，如果在最初它只是对城市有利，那么到最后它终将成为消除城乡对立的最强有力的杠杆。但是非常明显的是，生产力将因此得到极大的发展，以至于资产阶级对生产力的管理愈来愈不能胜任。”[①] 科学技术作为一种革命的力量，作为社会发展的有力杠杆，其积极作

① 恩格斯：《恩格斯致爱·伯恩斯坦》，《马克思恩格斯全集》第35卷，人民出版社1971年版，第446页。

用的发挥，总是同最广大人民群众掌握它的程度、同运用它实现最广大人民群众利益的程度呈正比例。科学技术是第一生产力，是最先进的生产力，这不是针对资本主义制度而言的，而是社会主义制度下的人民生产力的集中体现。由于生产力具有质的社会规定性，以什么样的生产方式来进行，决定着生产力是否具有“破坏性”。马克思、恩格斯在《德意志意识形态》一文中指出，资本主义的“生产力发展到一定阶段，在现存关系下只能造成灾难，已经不是生产的力量，而是破坏的力量”①。国际垄断资本为了在全球获得利润而不惜破坏生态环境，以资本主义的生产方式所进行的物质生产力愈是增大，它的破坏力也就愈大，所导致的生态环境对人类的报复也就愈惨重。尽管目前的科技产生着这么多的负面影响甚至是人间灾难，但恩格斯说得好，“没有哪一次巨大的历史灾难不是以历史的进步为补偿的”。② 先进生产力的发展要求是和绝大多数人的根本利益相一致的，是和自然规律的祈向相统一的。我国一名真正的马克思主义学者勇敢地呐喊出了科技的本质——科技属于人民。③ 马克思的一个著名的论断为“科技属于人民”提供了历史佐证，这个论断就是：“只有工人阶级……把科学从阶级统治的工具变为人民的力量，把科学家本人从阶级偏见的兜售者、追逐名利的国家寄生虫、资本的同盟者，变成自由的思想工作者！只有在劳动共和国里面，科学才能起它

---

① 马克思恩格斯：《德意志意识形态》，《马克思恩格斯选集》第 1 卷，人民出版社 1995 年版，第 90 页。

② 恩格斯：《恩格斯致尼·弗·丹尼尔逊》，《马克思恩格斯全集》第 39 卷，人民出版社 1974 年版，第 149 页。

③ 唐袅同志针对西方对科技的图腾崇拜，认为科技可以创造一切，是世界经济发展的永动机，针对国内对西方科技的盲目信任，站在马克思主义的立场上对科技的西方神话及科技的社会性质作了严密的理论分析和实例论证，写下了《科技属于人民——全球化与科技》一书（中国人民大学出版社 2001 年版）。

的真正的作用。”①

只要科技回到人民手中，环境问题就能在科技的不断进步中得到解决。人类发明科技、应用科技，享受科技带来的好处、承受并极力避免科技带来的负面效果，这应是科技在人类社会历史过程中运行的一般规律。没有认清环境问题本质的人认为：人类的出路在于科学技术的进步，而不在于改变资本主义制度，通过科学技术的进步就可以解决生态环境问题。但是，在既定的、由西方主导的国际秩序下，人类不能对科技持这种盲目乐观的态度。资本主义制度下的科技运行机制完全是为了将环境和他人视作其发展的对象物，是为了实现其短期的、眼前的利润。

前面的分析和现实已经准确无误地告诉人们，任何滥用科技的主观意图和目的，只能导致生态环境的破坏与恶化、人与人之间关系的紧张与冲突。在国际垄断资本的视阈内，自然环境是商品，是完全为了满足资本需要的纯粹的对象物。资本把它置放在盲目崇拜工业科学技术的革新能力上和万能的自由市场中。这样，环境问题的真正根源就轻描淡写地化解在市场与科技之中。以市场为价值取向的国际垄断资本和人民大众对环境问题的思考方式是根本对立的。前者极力想通过科学技术的革新来再造自然，使其适应利润的可持续增长和资本积累的要求。“再造自然”就是终止原先对自然的原始、掠夺式开发，再造一个特殊的资本主义自然，这种自然“再造”正如资本因工人运动被迫从绝对剩余价值的生产转为相对剩余价值的生产一样，是人类绿色运动所迫使的。对自然的再造无非就是使自然既成为资本主义发展的“水龙头”又成为其发展的“污水池”。

人们在西方各种各样的文件中不少看到，以科技促和平、以

① 马克思：《法兰西内战初稿》，《马克思恩格斯全集》第17卷，人民出版社1963年版，第600页。

科技促发展、科技扎根和服务于社会以及关于科技的道德责任感等等的美好字眼。可是，人类面临的现实却是：科技越进步，全球两极分化越严重，全球环境问题越恶化，第三世界越边缘化以及西方集团在第三世界国土上的越加为非作歹。在这种垄断资本卡着科技咽喉的国际情势下，谈利用科技来解决第三世界穷国的发展及环境问题，真是太天真烂漫和莫名其妙。利用科技进步来解决环境问题和穷国与穷人的发展问题，在一定的条件下，是一个很有宏观眼光的见解。但是，科技的真正历史作用是要受到人们的世界观、价值观的影响和控制，更要受到既定社会制度和生产关系性质的影响和控制。

在人类社会发展规律的指导下，充分地尊重自然规律、理性地创新并利用好科技，使人类社会朝着有利于“社会化的个人，相互联合的生产者合理地安排他们与自然之间的物质交换，使它处于他们的共同控制之下，而不允许盲目的力量来左右他们”的方向发展，科学技术对环境造成的影响就可以消除。科技只要在完全（包括研发、应用）被人民所掌握，就能对人类的可持续发展和整个生态环境系统的可持续发展负责，就能以人的生存和自由全面发展为宗旨，按照地球生物圈动态平衡的客观要求，按照人类共同利益、长远利益要求来发展。而要达到这一步，就需要建立一种先进于资本主义的社会制度。在这个社会制度里，人类真正按照满足生产生活的实际合理需要来促进社会发展，科学技术的负面影响将会降到最低限度。

环境问题，作为人类在生产和生活过程中与自然打交道的副产品，最终还得依靠科技的进步来解决，前提条件是科技必须掌握在人民群众手中，需要一个合理的、先进的社会主义制度作保证。只有在新的社会生产方式下，生产和消费才能真正地按照自然规律和人类合理需要来进行；人们才可以通过依靠科技的不断进步来提高装备技术水平、改进工艺、提高劳动者素质和管理水平等，来提高人类认识和利用自然规律的能力，使人类的生产与生活的污染破坏力度永远低于生态系统自身的平衡力，使人类的生产与生活永远不会突破地球资源与环境的有限性。

第五章　人类社会发展进程中的环境观

对于环境与发展的问题，我们不能把它们割裂开来研究，而是要从相互关联的角度，把它们放在人类社会历史的长河中来研究。自然环境的历史与人类社会的发展史应视为一个整体过程的两个方面，他们相互影响，互为前提，甚至相互决定。我们不可能清晰地在两者之间划出一道简单的分界线。

二战的结束、亚非拉的独立解放，整个人类社会的发展经历了一个质的变化，重建、恢复、发展经济竞相在历史舞台上表演。西方资本主义国家和刚刚独立的第三世界国家的经济都取得了辉煌的成就。当时联合国秘书长吴丹把它概括为："发展＝经济增长＋社会变革"。这一广为流行的关于发展的公式，反映出了战后头20余年对"发展"的理解和认识。但是，这种"发展"除了带来了一定的经济增长外，还造成了整个全球的环境大破坏。亚非拉国家以牺牲环境和资源换来的经济增长，很快就在80、90年代出现大衰退。更可怕的是，照这样"发展"下去，人类生存与发展的环境会在不知不觉中呈指数级恶化，到全面"崩溃"时，人们昏昏然还不知所以然。

历史地考察人类社会的发展路径，我们可以看到，人类社会每一次重大进步的取得，都会使自然环境遭受某种程度的破坏，特别是从工业革命开始至今，由于科学技术的迅猛发展，文明进步更是伴随着自然生态环境的极大破坏。短短几百年的资本主义发展所造成的环境破坏，大大超过了人类社会开始以来所造成的破坏的总和，甚至多得多。所以，发展总是与环境的改变相随，关键在于如何把发展的方向和环境改变的方向同时指向人民。人民，只有人民才是人类社会历史、才是世界的真正创造者。

第一节 马克思恩格斯论环境问题

马克思主义认为，人类社会的发展是一个不断由低级向高级、由野蛮到文明、由落后到进步的自然历史过程，其中既有必然性，也有人的能动性；推动人类社会发展的根本动力是生产力与生产关系、经济基础与上层建筑之间的辩证运动；发展的最终目标是“每个人的自由发展是一切人的自由发展的条件”的“联合体”。这是我们把握社会发展的几个根本性原则。社会发展作为系统性、整体性的发展是有阶段性，其阶段性是由整个社会的量变与质变所决定，每个阶段都有它自己的量变与质变。鉴于质量互变的复杂性，在不同的社会阶段，我们一定要坚持具体分析，进而确定与它相宜的发展问题，如发展战略、发展模式，切不可简单化、一刀切。社会基本矛盾的运动是社会发展的根本动力，其中起决定性作用的是社会生产力。但不能唯生产力是从，而应该唯生产方式，生产方式涉及一个人与人的关系问题，而作为人的全面发展是社会发展的核心目标。如果不结合生产关系来谈生产力或者不结合生产力来谈生产关系，都会对社会发展造成巨大的灾难甚至倒退，这已经被历史所证明。如果人与人关系是对立的、社会制度是不合理的，生产力再发达，物质产品再丰富，也无法使“联合体”得以实现。高度发达的生产力、丰富的物质和精神产品与先进合理的社会制度相结合才是“联合体”实现的根本前提。

马克思主义不光是揭示人与人的社会发展问题，还全面揭示了人与自然、自然生态环境系统与社会系统之间的辩证发展关系。马克思认为，实现“人类同自然界的和解以及人类本身的和解”是人类社会在发展过程中处理人与自然、社会三者关系的最高价值目标，是向当代人类提供认识和解决环境问题的基本途径。途径的采用、目标的实现，关键在于先解决“人类自身的和解”，否则，“人类同自然界的和解”不可能得到根本实现。所以，马克思恩格斯一直就非常重视生态环境问题的研究，而且他们从来没有脱离过全人类的根本利益、脱离过具体的社会关系来分析和研究生态环境问题。马克思恩格斯认为，生态环境问题就是一个特殊的社会问题，要保持社会发展与生态发展的协调平衡，就必须从人类根本利益出发，努力去调整、变革人们的当前社会关系。

马克思恩格斯通过对资本主义生产方式的思考和批判，看清了资本主义社会这个“历史规定形式”所造成的巨大生产力，也看到了资产阶级利用这些生产力史无前例开发自然、又不能合理地利用自然，总是以利润为中心盲目地、反自然性地破坏人与自然之间的物质变换。人与自然之间物质变换的“扰乱”导致自然环境的严重破坏。对于发展与环境的辩证关系以及如何解决环境问题，马克思恩格斯提出了一些科学的构想。

第一，人与自然环境的和谐统一于社会劳动实践中。这是马克思恩格斯论发展中环境问题的理论基石。马克思说：“环境的改变和人的活动或自我改变的一致，只能被看作是并合理地理解为革命的实践。”[①] 在马克思看来，人是自然的一部分，大自然是人的“无机身体”，正如他所指出的：“人直接地是自然存在物”，“人靠自然界生活。这就是说，自然界是人为了不致死亡而必然与之不断交往的、人的身体。所谓人的肉体生活和精神生活同自然界相联系，也就等于说自然界同自身相联系，因为人是自

① 马克思：《关于费尔巴哈提纲》，《马克思恩格斯选集》第1卷，人民出版社1995年版，第55页。

然界的一部分”。①

马克思和恩格斯始终以一种生态关怀来观察和研究人类社会发展的。自然环境是人类生存和社会发展的物质前提，人类必须与自然进行人道的交往，否则就会损害自己的“无机身体”，破坏自己生命的物质基础。但是，在社会发展中，人改造自然环境以适合自己的需要，以一种特殊的联系方式“劳动实践”作为中介自觉与自然发生交往。“劳动实践”将人和自然现实地统一在一起。

第二，人类社会发展及人的自由而全面发展，要求物质生产的合理化与物质变换的新型化。马克思恩格斯通过分析资本主义制度下的人与自然的物质现实变换关系，充分认识到了资本主义条件下人类物质生产和物质变换行为的反生态性，认识到了资本主义生产方式经营的工农业的反自然性，指出了人类在发展中保护自然生态环境应负的社会责任，设想了更符合生态环境要求的物质变换新形式。马克思说：“资本主义生产使它汇集在各大中心的城市人口越来越占优势，这样一来，它一方面聚集着社会的历史动力，另一方面又破坏着人和土地之间的物质变换，也就是使人以衣食形式消费掉的土地的组成部分不能回到土地，从而破坏土地持久肥力的永恒的自然条件”②，马克思还说，资本主义农业的任何进步，都不仅是掠夺劳动者的技巧的进步，而且是掠夺土地的技巧的进步。因此，他们主张调节社会生产规律，强调社会生产的物质变换形式要同人的充分发展相适应，“社会化的人，联合起来的生产者，将合理地调节他们和自然之间的物质变

① 马克思：《1844年经济学哲学手稿》，《马克思恩格斯全集》第42卷，人民出版社1979年版，第95页。

② 马克思：《资本论》（第一卷），《马克思恩格斯全集》第23卷，人民出版社1972年版，第552页。

换，把它置于他们的共同控制之下，而不是让它作为盲目的力量来统治自己；靠消耗最小的力量，在最无愧于和最适合于他们的人类本性的条件下来进行这种物质变换”。[①] 这种代替资本主义性质的物质变换形式，将在技术和工艺方面要克服人和自然之间的对抗，在精神和物质文化方面要克服城乡之间的对立，在社会关系方面，要促进全人类的解放和个人自由而全面的发展。

第三，人与自然间的物质变换新形式的实现，关键在于克服社会历史的制约性、变革资本主义的生产方式。恩格斯在《自然辩证法》里深刻地总结人类发展与自然的物质变换关系。他说：“我们不要过分陶醉于我们人类对自然界的胜利。对于每一次这样的胜利，自然界都对我们进行了报复。每一次胜利，起初确实取得了我们预期的结果，但是往后和再往后却发生完全不同的、出乎意料的影响，常常把最初的结果又消除了。”[②] 他还谆谆教诲人类必须始终保持清醒的头脑，人类“统治自然界，决不像征服者统治异族人那样，绝不是像站在自然界以外的人似的”。[③] 对于人类改造自然受到社会历史条件的制约，对于资本主义掠夺式的生产方式给人类社会的可持续发展所依赖的自然生态环境造成的严重破坏，马克思恩格斯作出了科学的判断。恩格斯说：“到目前为止存在过的一切生产方式，都只在取得劳动的最近的、最直接的有益效果。那些只是在以后才显示出来的，由于逐渐重

---

① 马克思：《资本论》(第三卷)，《马克思恩格斯全集》第25卷，人民出版社1974年版，第928—929页。

② 恩格斯：《自然辩证法》，《马克思恩格斯选集》第4卷，人民出版社1995年版，第383页。

③ 恩格斯：《自然辩证法》，《马克思恩格斯选集》第4卷，人民出版社1995年版，第383—384页。

复和积累才发生作用的进一步的结果，是完全被忽视的”。[①] 相对于前资本主义的所有社会形态，资本主义生产方式对待自然的态度是最为片面的、最为短视的、最为残酷的。资本家为了获得高额利润，对自然资源进行破坏性开采，污染、毒化和损害着自然环境，从而严重破坏了自然界的动态平衡及自我净化的调节功能。因此，要消除这种社会历史的制约性以实现新的物质变换，“这还需要对我们所有的生产方式，以及和这种生产方式连在一起的我们今天的整个社会制度实行完全的变革”。[②] 马恩的这一革命性观点，抓住了造成迄今为止人类社会生态环境问题的根本原因，指出了不推翻资本主义制度，就无法根除资本主义生产方式。

第四，人类社会历史发展必须从彼此相互制约的自然史和人类史两方面来考察。有生命的个人存在是全部人类历史的第一个前提。作为社会存在和发展的基础性地位的自然环境更多地应是以“最符合人性”的方式服务于人类，而不应是资本主义发展过程中的“水龙头和蓄水池”。“在资本主义制度下自然界才不过是人的对象，不过是有用物；它不再被认为是自卫的力量；而对自然界的独立规律的理论认识本身不过表现为狡猾，其目的是使自然界（不管是作为消费品，还是作为生产资料）服从于人的需要。”[③] 但是，任何一个社会历史记载都应当从这些自然基础以及他们在历史进程中由于人们的生产生活活动而发生的变更出发。

---

① 恩格斯：《自然辩证法》，《马克思恩格斯选集》第4卷，人民出版社1995年版，第385页。

② 恩格斯：《自然辩证法》，《马克思恩格斯选集》第4卷，人民出版社1995年版，第385页。

③ 马克思：《经济学手稿》（1857—1858年），《马克思恩格斯全集》第46卷上册，人民出版社1979年版，第393页。

第五，科学技术是生产力，是一种在历史上始终起推动作用的革命力量。马克思恩格斯相信科技又不迷信科技。马克思早在130年前就指出，文明如果是自发地发展，而不是自觉地发展，则留给自己的是荒漠。马克思恩格斯一方面看到了科学带来的好处，把科学技术看成是历史发展的有力杠杆，认为它具有一种其他任何力量都不具有的推动历史进步和为人类造福的积极作用。另一方面，他们在肯定科学技术进步对社会发展的巨大推动作用的前提下，科学地分析了科学技术与社会关系之间内在的、必然的联系，进而预见了科学技术的资本主义利用所带来的后果，包括加深人的异化和对自然生态环境的破坏。他们早在19世纪就英明地认识到，科学技术会使人类“一天天地学会更加正确地理解自然规律，学会认识我们对自然界的惯常行程的干涉所引起的比较近或比较远的影响。特别从本世纪自然科学大踏步前进以来，我们就愈来愈能够认识到，因而也学会支配至少是我们最普通的生产行为所引起的比较远的自然影响。但是这种事情发生得愈多，人们愈会重新地不仅感觉到，而且也认识到自身和自然界的一致，而那种把精神和物质、人类和自然、灵魂和肉体对立起来的荒谬的、反自然的观点，也就愈不可能存在了”。①

第六，自由人的联合体，是解决人类自身和解和人类与自然和解的社会前提。如果不从社会制度和生产方式层面着手，就不可能从根本上找到全球性环境问题的解决途径，也不可能真正合理地调节人与自然的关系。爱因斯坦早在20世纪30年代就说过：“要是我们的社会制度能够跟得上技术的发展，那么上一世纪人类发明天才的果实就可以使我们的生活过得愉快幸福，而无

① 恩格斯：《自然辩证法》，《马克思恩格斯选集》第4卷，人民出版社1995年版，第384页。

忧无虑了”。[1] 同样，马克思恩格斯也早就认识到，资本主义对工人劳动者自身的破坏和对自然环境的破坏是紧密联系在一起的。资本主义破坏工人劳动者的自身自然，是从对工人的生活条件的掠夺开始的。马克思在《资本论》第一卷中引用了当时一位医生的话说：“工人常住的房子都在偏街陋巷的大院里，从光线、空气、清洁各方面来说，简直是不完善和不卫生的真正典型，是任何一个文明国家的耻辱。”资本主义原始积累就是建立在以这种不文明的条件去对待工人和自然环境的基础上。

在资本主义制度下，科学技术的进步和大机器的广泛采用，并没有改变资本主义破坏工人劳动者自身自然这种局面，反而变本加厉。马克思认为，要真正地实现“两个和解”就必须具备一定的条件、一定的社会前提，即实现自由的人的“联合体”及运用最无愧于和最适合于人类本性的方式与自然进行物质变换。到那时，人与人之间的压迫关系、剥削关系都已被消除，不存在了人身占有、人身依附的问题，全体社会成员的根本利益是一致的，不存在根本性的冲突。在这个联合起来的有序而和谐的社会系统里，人们可以充分发挥人的力量合理地开发、利用自然，从而在新的高度上实现人与自然的统一。[2]

第二节　西方马克思主义论环境问题

西方马克思主义对发展中的环境问题的探讨值得我们研究、学习和借鉴。这集中表现在生态学马克思主义者的观点上，生态

① 《爱因斯坦文集》第3卷，商务印书馆1977年版，第78页。

② 参见黄建新：《马克思、恩格斯保护生态平衡的卓见——解决环境问题的指导思想》，载《理论探讨》2001年第3期。

学马克思主义是指当代西方的马克思主义者和社会主义理论家对马克思恩格斯著作中生态学观点的一种系统化阐释。它是战后“西方马克思主义者”根据变化了的社会现实，对马克思主义的一种新的理论表述，其基本出发点是用生态学理论去“补充”马克思主义，给人们找到新的社会发展道路和提出建设新社会的社会政治方案。[①]

生态学马克思主义的主要理论观点。[②]第一，自然界不是资本主义发展中的客体，资本主义生产方式必然造成生态环境危机，生态环境问题已成为当代资本主义世界最为突出的问题。第二，认为生态危机已取代经济危机而成为资本主义的主要危机。第三，宣称要用“异化消费”论去“补充”马克思主义，认为“异化消费”是导致生态危机的根源。第四，要求重新评价工业文明及其生活方式，主张劳动闲暇一元论，即将来的劳动方式要体现劳动和闲暇的统一。第五，认为摆脱资本主义生态危机的根本出路是建立社会主义经济模式，走社会主义道路。第六，主张用小规模的技术取代高度集中的、大规模的技术，使生产过程分散化、地方化和民主化。

生态学马克思主义理论的创新之处在于：第一，认为环境问题的成因必须用马克思主义的历史唯物主义或社会矛盾分析的方法才能得到科学说明，也就是说它们赞同马克思将人与自然的关系和人与人的社会关系相结合的分析方法。资本主义的生产方式

① 参见奚广庆、王瑾：《西方新社会运动初探》，中国人民大学出版社 1993 年版，第 172 页；李泊言：《绿色政治——环境问题对传统观念的挑战》，中国国际广播出版社 2000 年版，第 163 页；郇庆治：《欧洲绿党研究》，山东人民出版社 2000 年版，第 240 页；解保军：《马克思自然观的生态哲学意蕴——“红”与“绿”结合的理论先声》，黑龙江人民出版社 2002 年版，第 228—240 页。

② 参见蔡先凤：《当代西方生态政治理论述评》，载《武汉大学学报》（社会科学版）2003 年第 2 期。

内在地包含着生态矛盾和对自然环境的破坏，环境问题的最终解决只能是基于社会基本经济政治制度的社会主义变革，尽管科技和人类的理性自觉，对自然环境的保护和改善具有非常重大的作用。第二，从两个方面揭示资本主义生产方式与生态危机的必然联系：一方面，从资本主义生产目的来看，资本主义生产的唯一目的是追求利润，这就决定了它对自然持一种敌视态度，将自然看成是掠夺和获取利润的对象。在资本主义竞争中，平均利润不断下降，资本只有借助科学技术的力量，对自然资源进行过度的掠夺，才能保住各自的利润。所以，资本主义制度在不断吞噬它自己赖以生存的自然环境；另一方面，从资本主义市场法则来看，资本家总是千方百计使生产成本尤其是环境成本外在化，根本不愿意也不可能牺牲利润去保护环境。资本家所谓的“美化环境”行为实质上就是将环境污染转嫁给社会，搞“环境种族主义”，把废弃物、污染性企业、有毒有害物质等转嫁给第三世界国家，搞“环境殖民主义”。它们在利润面前是绝不低头的。所以，资本主义生产方式所固有的生态矛盾使得资本主义发展不可持续。第三，提出“生态帝国主义”概念，进一步揭示了资本主义制度与全球环境恶化的联系。“生态帝国主义”是它们用来描绘当代发达资本主义国家，将生态危机转嫁给发展中国家，对这些国家进行“生态掠夺”行径的概念。生态帝国主义对发展中国家的生态掠夺有直接的和间接的两种方式：直接方式是指，发达国家将一些高耗费、高污染、劳动密集型企业迁移到发展中国家，甚至把垃圾场建在这些国家，直接掠夺那里的土地、劳动力、自然资源、洁净的空气和干净的水源。间接方式是指，强大的西方垄断资本和第三世界国家上层官僚阶级，通过政府制订各种政治、社会、经济政策，对农民施加“结构性暴力”，迫使第三世界国家实行全面私有化政策。甚至把包括土地、水和空气——人类最基本的财产，也私有化进了由西方垄断资本控制的资本主义世界市场。第三世界国家为了发展、人民为了生存，不得不牺牲自己的环境、牺牲自己的资源以满足西方资本的需求。

生态学马克思主义正确地揭示，资本主义生产方式是造成当代全球性生态环境危机的根本原因。以工业革命为标志的300余年的资产阶级工业文明的发展，创造了超过人类社会千百年总和的物质财富，对大自然的掠夺和破坏也达到了登峰造极的地步。西方发达资本主义国家对全球生态环境问题负主要责任，但是他们不但不向承认这笔生态债，反而将生态环境问题的责任推卸到第三世界国家身上，并以“全球生态警察”自居，实施着“生态帝国主义”。

生态学马克思主义尽管逻辑性地运用到马克思主义，但它们丢弃了马克思主义的革命品质，因而存在着不少局限性和缺陷性：第一，它们把生态问题看得高于一切并用“生态危机论”去取代“经济危机论”，从而自觉不自觉地忽视人与人之间、资产阶级与无产阶级之间的矛盾。第二，尽管它不时提到要用社会主义代替资本主义，但主张在资本主义现存制度内通过利用“生物区”之类的组织过渡到社会主义，这显然是种乌托邦思辨。其实质就是一种改良主义思想。第三，主张技术分散化、非官僚化，把工人管理视作一种社会主义所有制。第四，缺乏一种全球化视阈，无视国际秩序中的南北关系而一味主张无增长的“生态经济”。这等于是要第三世界国家放弃经济增长、放弃消除贫困来继续维持自己与西方资本主义国家之间的不平等现象。①

生态学马克思主义和生态社会主义从环境与发展角度，对资本主义的生产方式提出了严厉的批评，但它是以生态主义为理论基石，以无政府主义为政治表现，主张建立以生态为中心的生态社会主义。他们承认，资本主义生产方式是地球生态环境遭破坏

① 参见徐觉哉：《生态社会主义》，载《中国人民大学学报》1998年第6期。

的原因。他们认为，遏制生态危机的主要社会力量是“新社会运动”和公众团体；改善生态环境需强调“个人即政治准则”和改造个体的生活方式，未来社会发展模式应是以被改造的资本主义为主的多样化格局。他们没有看清资本主义私有制同社会化大生产之间的矛盾，因此他们为改善地球生态环境而提出的一系列社会改造方案及目标，带有明显的“乌托邦”色彩。

生态学马克思主义和生态社会主义，是在资本主义内部生长起来的埋葬资本主义制度的一种先声。在这种先声的挈领下，相信会有更多更大的类似声音加入并合成一种巨大的历史合力，推动人类社会迈向新的进步。就正如生态学马克思主义者詹姆斯·奥康纳所说：“在激进绿色主义对资本主义世界的阐释以及它就业已存在的极度不平等和不合理的全球经济所提出的各种替代性方案中，我们将听到更多的生态社会主义的声音。”[①] 他们认为资本主义的生产关系、阶级关系带来的经济、社会和政治上的剥削破坏了全球生态系统，制造了社会不公；认为工人阶级和其他劳动者是挽救生态危机、主宰未来社会变化的主角；强调以集体政治行动的力量来改造社会环境和生态环境，建立起一个绿色的、生态与经济社会和谐发展的、没有剥削和压迫的、实现社会公正的社会主义社会。无疑，这是一种历史进步。

第三节　西方社会的环境观

一、西方主流关于发展中环境问题的大体思想

西方社会在环境与发展问题上的总体观点是，一切服务于资

---

① ［美］詹姆斯·奥康纳：《自然的理由：生态学马克思主义研究》，载南京大学出版社 2003 年版，第 529 页。

本的逻辑，追求资本的利润最大化就是发展的根本出发点和归宿点；自然界、第三世界及所有劳动人民都是他们发展的中的“对象”或“客体”；他们心仪的资本主义就是历史发展的最顶端，历史就到此点而“终结”。

资本主义的发展是种历史现象，也是种历史进步，这是不容否认的。资本主义发展的进步作用，一是为更先进社会制度的到来提供了物质基础，二是资本主义社会所表现出来的不可持续性为世界人民所争取的先进社会制度提供了发展的“参照物”。说资本主义发展是种历史现象，主要是指资本主义所存在着的基本矛盾在人与人之间、人与自然之间的全球激化必然导致它的灭亡，这是马克思主义关于人类社会发展的客观规律。

资本主义的发展，带动了第三世界在一定程度上、一定范围内的发展。由于西方发达国家占据着发展的主导地位，第三世界国家是在以自己的人民、资源和环境为代价所换来的小发展，是在以这种小发展成就了西方国家的大发展。

在发展与环境关系上，西方社会的主要观点有以下几点：

第一，富裕是绿色的，而贫穷不是。西方资本主义提出，只有富裕的现实资本主义社会，才有足够能力来保护环境、有足够的资格来拥有环境，而贫困的第三世界国家根本无力承受这一切。“是富裕，而不是贫穷，提供了保护野生生物、森林、海岸和大洋的手段”，“富人通过质量，而不是数量来保证他的后代。”[①] 因此，绿色的享受是富裕的西方国家的权利，与贫穷的第三世界国家无缘。不仅如此，贫穷的第三世界国家还成为西方国家持续享受绿色环境的一个保障。英国一个学者说得好，“单独的国家踏上可持续发展之路是很有可能的，但是要以其他国家

① ［美］彼得·休伯：《硬绿：从环境主义者手中拯救环境·保守主义宣言》，上海译文出版社 2002 年版，第 250 页。

的非持续为代价”[1]。遵循这个逻辑，西方大国大量地从第三世界国家进口那些严重破坏着生态环境的初级产品和原材料，以保存本土资源；把污染型企业和废弃物转嫁给第三世界，来保护和改善自己的环境质量。譬如，自然资源相对丰富的美国为战略性保护本国资源和环境，从第三世界大量着进口工业原材料。仅1973年，美国所需全部的铬、铝土矿、铂和锡；80%以上的水银、锰、钴和镍；30%以上的钨、锌、铅和钛都是从国外进口的。[2] 更有甚者，居然以“怎样把环境从穷人那里拯救出来”为讲座题目进行公开宣讲。美国国家资源保护协会理事亨利·布雷克在《时代周刊》上撰文，提出要建立一支全球生态警察力量来保护全球的雨林资源以及氧气资源，使之免受第三世界穷人们的破坏。[3] 他们甚至还会这样说：“瞧你们那么贫穷，有那么多的失业人口，为了你们的脱贫致富，我们必须更加发展更加富裕，我们必须从你们那里获得更多的资源，我们还不得不更多地排放、更多地污染，否则，我们无法给你们更多经济帮助，你们将永无摆脱贫困之日！”[4]

第二，西方资本主义把第三世界及环境资源视为自己发展的“客体”。西方资本主义在全球再生产其生产方式，欲把整个第三世界镶进其主导的全球化进程，以便给第三世界安排好其在国际秩序中的角色——一个充当全球资本主义发展平台上的俎上肉。如此说来，第三世界存在的唯一价值就在于，以自己的丰富资源、廉价劳动力、环境为西方资本家及其随从仆奴创造利润。至于第三世界国家的劳动人民的饥饿、贫困、疾病、环境恶化，对

---

① ［英］皮尔斯：《绿色经济的蓝图——衡量可持续发展》，北京师范大学出版社1997年版，第24页。

② 钟流泽：《美国的经济概貌》，今日世界出版社1986年版，第127—128页。

③ 参见《时代周刊》1988年12月5日。

④ 王诺：《欧美生态文学》，北京大学出版社2003年版，第243—244页。

它们来说根本无关痒痛。在它们的眼里，正是这些饥饿、贫困、疾病造就了它们的富有，正是这些环境的不断恶化换来了它们的健康环境。这就是西方垄断资本努力开拓的全球化的精妙之处。

第三，西方新自由主义鼓吹，自由市场机制加上科学技术，将会彻底解决目前人类所面临的资源短缺和环境污染问题。新自由主义认为，环境问题是国家干预、政府调节经济所造成的，只要市场这只“看不见的手”充分发挥作用，就不会造成环境问题。在市场上，什么短缺什么提价，当某一个资源逐渐枯竭时，市场就会激励科学家和企业去研究、开发和生产新的替代品。

第四，社会民主主义认为，只要对现实资本主义加以某种限制，就可以控制它对人和自然环境的破坏。在经济上，社会民主主义崇尚凯恩斯主义的干预主义和推行福利国家政策；在政治上，主张多元民主、社会民主。社会民主主义强调国家政府在环境保护方面的作用，并相信国家的干预可以使自然生态环境得到有效保护，相信借助科学技术可以解决生态环境问题。

总之，西方发达国家往往把“西方中心主义”视为自己行动与思维的基础。它们不仅把自然生态环境视为其生存与发展的“价值性工具”，而且还把广大第三世界国家及人民也视为其生存与发展的“价值性工具”。西方资本主义在谈论发展中的环境问题时，过多地热衷于怎样基于现制度来防止和解决生态环境问题，以及如何避免自己遭受环境问题的损害，不是从全球范围来研究人的可持续发展和自然生态环境的可持续发展规律。它们为了自己环境的舒适、方便和更加赏心悦目，不惜一切代价利用先进的科学技术去消耗全球资源和破坏全球环境，以至改变整个大气环境和山川地理，根本就不考虑恩格斯的“环境报复”论和现在科学家们所担忧的使人类面临各种连锁性的整体消极反应。正如亨利·舒教授所比喻的：亨廷顿的“文明冲突论”，实质上就是表达出了西方资本主义对非西方的第三世界国家的利用、排斥的一种“西方中心主义”心理，现在欧美西方国家所持有的环境与发展观的背后，实际上也折射出这么一种“居高临下、为我所用”的傲慢的“环境种族中心主义”[1]

二、西方绿党在环境问题的政治倾向

在西方资本主义社会，基于政治目的而向“绿色”转向的西方绿党，在环境与发展方面也提出了不少很有价值的观点和思想。

西方绿党是20世纪60年代末70年代初，最先在西方发达资本主义国家兴起并迅速扩展开来的社会政治现象。西方绿党是指以生态环境问题为契机，以生态的政治观念、组织结构和活动方式创新为基础，主张借助现存的政治制度特别是议会制民主来全面改造既存的经济社会结构，并力求成为现实政治中有竞争力和吸引力的，以最终创建人与自然、人与人和谐相处的新社会的新型政党。[2]

由于西方绿党色谱的多样性，这里不便一一加以研究。这里要讨论的主要是西方大众化的绿党，即站在西方资本主义制度基础上的绿党。从此方面讲，西方绿党在环境与发展问题上的观点主要体现在：第一，对现实制度的批判与认同的不一致性。一方面，它们认为，环境问题与资本主义生产方式和生活方式有着密切的关系，另一方面则对资本主义私有制、对既存的资本主义议会民主体制持肯定的态度。第二，主张与行动的不一致。它们强调环境意识，认识到了环境问题的严重性与重要性，在其政治纲领中也有所突出的表现。但是，对于大多数人来说，承认环境问

---

① 参见 Henry Shue, *Ethics, the Environment and the Changing International Order*, International Affairs 71, 3 (1995), PP453—461.

② 郇庆治：《欧洲绿党研究》，山东人民出版社2000年版，第1页、第26页。

题的重要性是一回事，为了改善环境和阻止环境灾难而改变传统政治价值和目标则是另一回事。[①] 绿提出的绿色主张主要还是服务于政治目的，迎合选民的胃口，获取选民的支持，以分享现实制度安排中的政治经济利益。第三，绿色中和着阶级矛盾，随着资本主义经济的发展，议会民主制会缓和人与人之间的矛盾和解决人与自然之间的对立。他们认为，环境问题不在于私有制，而在于如何实现对资本主义生产过程和复杂生产力的民主控制。认为议会民主制是人类历史上最好的民主制度，是解决环境与发展问题的政治手段。第四，绿党意识到环境问题的全球性与严重性，承认关注环境是其政治的生命力。

绿党所针对的主要是发达的工业化国家，它基本上是从后物质主义层面来思考西方经济发展中所面临的环境困境。它提出的一系列社会变革主张即使有效也只能是适用于自己所针对的少数发达国家与地区。因此，从人类生态环境问题的全球性来看，西方绿党的绿色政治设计完全是一种局部视野下的、不谋求人们的生产生活方式发生革命性的变革，是谋求从制度内部对本土环境实行逐步改善的诊治方案和改良举措。即便这样，也过高估计了效果。而从环境问题的全球性特点来看，西方一方的优良环境岂能独善？

绿党在政治上的一个主要贡献，就是将一种新型的绿色政治思维和未来社会选择性模式纳入了现实政治。他们清楚，人类环境问题并不是今天的科学技术水平与物质文化水平发展不充分不发达的结果，而是由于被一种片面的甚至错误的价值观所误导。人类美好的未来完全可以有着不同于既存发展模式的其他最佳选择，而这种选择性的现实性与可能性主要取决于我们能否采取新

① Brent Aardal, *Green Politics: A Norwegian Experience*, Scandinavian Political Studies 13 (1990), P.151.

的政治思维来思考和行动。[1]

毋庸置疑，在消除现实资本主义制度及其给人类造成的破坏的历史进程中，西方绿党将是社会主义政党的同道者。因为，人类不可能在短时间内走上如此一条充满绿色之光的阳关大道甚或真正领会生态主义者的绿色预言，但是，绿色政治的价值取向，为我们思考与选择未来提供了一个重要的坐标参照物。尽管其理论与实践中包括超现实的激进与乌托邦色彩，但它无疑是继社会主义之后的又一面向人类未来的当代进步政党和政治运动。正如《瑞典绿党党纲》的结语所说："我们承担着双重角色。我们既是一个探路者，又是一个传统意义上的政党；我们既先于时代，又在现实中间。这种结合在许多情况下是困难的。我们既不能超出太多以与身后的追随者失去联系，从而切断这一绿色变革的道路，同时我们又意识到时间的紧迫性，必须先行一步。我们是瑞典政治中基于生存与团结的选择性模式的探路者。"[2]

第四节　第三世界在环境问题上的若干看法

第三世界牵涉面较广，所反映出来的环境与发展观也呈多样化，但贯穿其中的主线只有一条，即首先保证生存，然后逐步改变这种剥削与被剥削、压迫与被压迫、支配与被支配的社会关系，进而真正地成为自然、社会和自己的主人。

然而，在第三世界国家中，成千上万的人没有工作，或者在

---

① 参见郇庆治：《欧洲绿党研究》，山东人民出版社 2000 年版，第 304—305 页。

② The Swedish Green Party, *The Party Programme of MiljÖpartiet de GrÖna*, 1997, *p*.72.

极不卫生和极不安全的场所工作，而得到的工资却少得可怜；他们生活在受到污染的和拥挤的城市中，或者生活在缺乏耕地、饮用水、燃料和饮料的穷乡僻壤；他们遭受着各种各样的压迫和剥削。在这种图景中的第三世界国家及人民该拥有怎样的环境与发展观呢？

第一，普遍认为发展就是生存。在环境保护和经济发展的优先性选择上，第三世界国家迫于生存、贫困的压力，始终强调发展的优先性，而将环境保护放在次优的位置。为了生存，贫困的第三世界不得已只有过度利用本国的自然资源，违心地接受西方发达国家转移的污染产业、废弃物和有害有毒物质。经济发展的历史和实践证明：越是贫穷、落后的国家和地区对资源环境的依赖性越大。

第二，基于第一种观点，大多数第三世界国家认同西方走过的“先发展经济，后治理环境”的道路。这些国家认为，环境破坏与自己的贫困和技术知识水平低下截然分不开，解决贫困和提高技术知识水平都离不开经济的发展；发展经济、摆脱贫困是当前第三世界国家的当务之急、重中之重。经济发展了，财富增加了，人民的生活水平和教育水平就会得到大大改善，国家和地方就可以增强环保能力、人们的环保意识就会得到提高；一味保护环境就会阻碍经济的发展，有限的发展资金必须用在刀刃上，用来提升经济增长速率。因为环境保护需要大量的资金投入，而且即使投入也见不到即时的经济效益。

第三，第三世界国家在环境与发展问题上，充分认识到环境对自己生存与发展的重要性，清楚地知道自己继续依循西方的发展道路无异于“杀鸡取卵”。他们认为，第三世界国家之所以如此贫困，其原罪是西方全球化的结果；环境问题之所以如此恶化，其原罪还是西方全球化。因此，认为西方发达资本主义国家首先应该对它的原罪担负起无条件的赔偿责任，二要无条件地对第三世界国家的环境保护和预防提供技术支持，三要主动改变目前的国际旧秩序。

处在国际垄断资本所控制的国际垂直分工底层的第三世界，能得到西方的赔偿资金吗？技术转让有可能吗？国际旧秩序本来就是维持国际垄断资本地位的基础，要改变它又谈何容易！

第六章　第三世界发展与环境问题

第三世界能否破解发展与环境问题，关键在于第三世界人民的选择。历史发展的主动权，总是掌握在绝大多数人手中。第三世界发展的历史方向是，逆转西方全球化，实施可持续发展，最终实现人与人的和解、人与自然的和解。

第一节　所谓内因和外因

在研究第三世界环境问题的时候，把造成这种问题的内因与外因泾渭分明地区分开来，是很困难的事情。

西方主流舆论总是喋喋不休地把第三世界的环境问题归结为第三世界的所谓内因，指责第三世界的环境所以遭到破坏，是因为第三世界的贫困、教育落后、种族战争和国内政策之类。

这是完全不符合客观事实。

我们不认为第三世界国家对自己的环境问题可以不负任何责任，在西方全球进程中完全无所作为。但是，既然在讨论第三世界环境问题，一个最简单的事实就是，“第三世界”本身就是西方全球化即资本全球扩张的产物。西方全球化，导致了第三世界的被压迫、被剥削地位，导致了贫困和落后，也导致了这里的环境问题。资本主义就是靠数百年来掠夺第三世界的资源、破坏第三世界的环境发展起来的。

在一种西方继续主导的国际秩序中，第三世界国家首先要生存。其发展有时不得不以牺牲环境为代价，这同样是西方全球化的产物。第三世界处于国际垂直分工最底线，缺乏必要的资金和科学技术能力，处处受制于西方。一方面，西方主导的国际秩序把第三世界置于廉价出卖资源、破坏性开采资源的地位上。另一方面，西方又大肆向第三世界转移其污染企业，甚至把第三世界作为他们的垃圾场。这不能不极大地加重第三世界的环境破坏。在这种情况下，喋喋不休地责怪第三世界，一味推脱自己的责任，十足地暴露出西方资产阶级的虚伪和自私。

西方宣传，贫穷、教育落后是第三世界环境问题的主要根源。但他们努力回避这些国家为什么贫穷的历史原因。第三世界的贫困、教育落后根源于西方全球化。第三世界曾经有过自己的繁荣和辉煌，曾几何时，古代文明发源地都出现在今天的第三世界。正是西方的侵略和掠夺，毁灭了这些文明。印度前总理英迪拉·甘地在1972年斯德哥尔摩环境会议上，说“贫穷是污染的最糟糕形式”，但英迪拉·甘地始终没有忘记贫穷的殖民主义根源。邓小平说，第三世界的贫穷问题就是南北问题。贫困化限制了第三世界国家人口、经济、科技与环境的综合平衡发展与可持续发展，使其陷入到“愈贫穷，人口愈多，经济物质愈落后，环境问题愈严重”这一恶性循环之中。贫困化还导致了第三世界国家教育落后。第三世界国家平均受教育程度远远低于发达国家，教育的低劣引起人们的愚昧和人口与生态环境意识的不健全，进而带来广泛的包括环境问题在内的社会问题。

西方主流舆论认为，第三世界的种族战争严重地破坏着环境。战争对环境的破坏是很严重。可是，第三世界的种族战争，一是西方殖民统治遗留问题。西方殖民者为了各自的统治利益，人为地在第三世界划疆而治，一个种族往往被划到两个国家或好几个国家。二是西方在背后煽动操纵。西方国家为了更好地控制第三世界国家，往往出钱出枪出主意，支持一方以建立亲西方政府。当然也不否认，第三世界种族战争有自己的原因。比如，争夺水资源。

从第三世界来说，国家政策影响着环境。政府不能遵循自己人民的利益，充分依靠和相信自己人民的力量，不是据此确定自己的发展道路，而是无可奈何又无所作为地听任自己处于向西方出卖资源、接受西方垃圾的境地，照抄西方发展模式（盲目城市化、崇尚高消费等），势必导致环境的进一步破坏。第三世界国家的政策同西方把自己的政治制度、意识形态、社会发展模式强制输出脱不了干系。

在研究第三世界环境问题的时候，一个方法论原则，是把第三世界作为第三世界，而不是作为似乎同外界不相干的孤岛，作为没有历史来由的怪物。要他们闭关锁国、割断历史，自己承担环境破坏的责任，是不公平的、反科学的。第三世界有自己的责任，有能力也有可能依靠自己的力量、自己正确的政策缓解环境的破坏程度。但是这不能成为西方逃避其根本责任的理由。

第二节　立足国情，实行可持续发展战略

资本主义生产方式，在全球的肆虐所导致的全球性环境问题和第三世界发展的困境，正在引起普遍的关注。西方生态马克思主义和西方绿党提出的一系列有关环境与发展方面的思想，为第三世界和人类社会摆脱环境困境、走上真正的发展道路，提供了参照物。马克思恩格斯的环境思想，为第三世界和人类社会的发展提供了理论指导及方法原则。目前，第三世界国家需要立足国情，依靠自己，通过可持续发展缓解自己的环境困境。

一、可持续发展的历史提出

自工业革命以来，资本主义制度经过几个世纪的精心调整和

修补，并随着科学技术和市场经济的发展，社会生产力得到了极大地提高，经济增长了、社会物质财富也增加了。同时，在这个历史进程中，由于长期把自然环境同人类社会、把客观世界同主观世界形而上学地分割开来，没有意识到人类同环境之间存在着协调发展的客观规律，只考虑经济增长和保护资本的本性，给全球环境造成了严重的破坏，在全球范围内危及到人类的生存和发展。

社会与自然之间的难题，是和资本主义制度所固有的基本矛盾分不开的。在工业化过程中，由于一些资本主义国家在资本的驱动下一味地追求经济的快速增长，无视经济发展与保护自然环境之间的和谐，尤其二战后近60年的发展对环境的破坏特别严重。最初的环境问题仅仅表现在不同区域的不同的方面，现在已越出了区域和国界，演变成全球性的问题，主要包括：(1) 全球性的气候变暖问题；(2) 臭氧层破坏问题；(3) 生物物种锐减问题；(4) 有毒化学品的污染及其越境转移问题；(5) 耕地急剧减少、土壤加速退化问题；(6) 森林面积急剧减少等等问题。这些问题关系到整个地球和人类的生存及安危。在此背景下，一些资本主义国家的有识之士，从20世纪60年代开始，就对经济发展与环境保护的关系进行了反思，并对传统的经济发展模式产生了怀疑，且一直在努力探寻一种崭新的发展思想。

对传统经济发展模式反思的结果，孕育出了可持续发展思想。

1962年，美国女生物学家莱切尔·卡莯在科普著作《寂静的春天》里惊呼人们将会失去“明媚的春天”，从而在世界范围内引发了人类关于发展观念的争论。

1972年，由佩切尔倡导成立的罗马俱乐部发表了著名的报告《增长的极限》，对人类鉴于资源、破坏生态环境平衡和毁灭地球的行为提出必要和严肃的警告。

1972年6月，联合国在瑞典首都斯德哥尔摩召集世界各国政府第一次召开了人类环境会议，共同讨论环境问题。会议通过的《联合国人类环境宣言》，第一次把环境问题因素联系起来并唤起了各国政府对环境问题，尤其是环境污染问题的警觉。这次会议没有提出可持续发展的问题，但《宣言》中能够看到某些今天我们所说的可持续发展思想的火花。会议报告写道："实际上联合国对这次会议的要求，显然是要确定我们应当干什么，才能保持地球不仅成为现在适合人类生活的场所，而且将来也适合子孙后代居住。"

1980年，一个叫做国际保护自然与自然环境联合会的组织在联合国环境规划署和世界野生生物基金会合作下发表《世界自然保护战略》，提出了"持续发展"概念。

1987年，世界环境与发展委员会主席、挪威首相布伦特兰在向联合国提出的报告《我们共同的未来》中，给可持续发展下了一个被西方认为经典的定义。认为"持续发展是在不危及后代人、满足他们需要的能力的前提下，满足我们现实需要的一种发展"。

1992年6月，人类赢来了一次被称为"世界历史上规模最大、规格最高、影响也将最为深远的环境问题会议"。这就是在巴西首都里约热内卢举行的联合国环境与发展大会。会议通过的《里约热内卢环境与发展宣言》和《全球21世纪议程》，第一次把可持续发展由理论和概念推向行动和实践。这次会议系统总结、反思了自工业革命以来的那种"高生产、高消费、高污染"的传统发展模式以及否定了"先污染、后治理"的道路，使可持续发展思想得到世界普遍接受，其实践活动也开始在全球范围内普遍展开。从此，一场新的人类历史的"革命进程"开始了。

二、对可持续发展定义的进一步阐述

可持续发展思想提出的漫长过程，说明了人们对其本质属性认识的前进性和曲折性，说明了人们发展观念转变的复杂性和艰巨性。可持续发展的内在要求是在保护地球自然环境基础上，主张人类社会发展与自然和谐相处、主张社会公平公正，既满足当代人又满足后代人的基本需求；它的历史发展逻辑是实现人的全面自由发展和全人类的解放。

今天，西方主要发达国家基本上主导世界发展方向，第三世界国家充其量不过是在西方国家的大发展下获得一些“小发展”而已。即使这样，在西方眼里，第三世界国家及其环境资源永远是供它们发展的垫脚石。基于自身发展而导致的环境问题，西方率先提出了一个在全球流行开来并得到了联合国认可的“可持续发展”口号。说它是口号，是因为人们对西方定义的“可持续发展”是“在不危及后代人、满足他们需要的能力的前提下，满足我们现实需要的一种发展”奉为圣经般的经典，诵读得较多，实践得较少，实际上在资本主义范围内也很难彻底实践。20 多年来，它带给人类的是更加的不可持续：贫富差距越来越大、环境破坏越来越严重、恐怖事件越来越多、地区冲突越演越烈。这里，我们显然就要提出另一个问题：当前居于主导地位的西方发达国家的发展观或模式和旧的不合理的国际秩序，不仅危及后代人，而且已经严重危及同代人，首先是第三世界绝大多数人的生存和发展，何况这里既有自然资源的承载力问题，也有社会本身的可持续发展问题。可见，西方发达资本主义的“可持续发展”观是虚伪的，作为一种社会秩序，它本身就是不可持续的。它依然是在以牺牲世界绝大多数人，特别是第三世界人民的利益及环境资源为代价来实现自己的“可持续发展”。

西方的“可持续发展”从提出到现在已经 20 多年，全球分裂尤其是南北间的分裂和整个地球生态环境非但没有得到改善，反而陷入了越来越深的困境。缘由何在？这首先应从“可持续发展”的西方定义中寻找原因。西方的强势文化和信息舆论的主导权，使得它们定义的“可持续发展”成为了家喻户晓的一个“经典式”思想。这种“可持续发展”思想传播得越是广泛，产生的社会与环境负面影响越是严重。

在西方的宣传下，“可持续发展”仅仅关注着“人与自然”之间的关系，人与人之间的关系尤其是西方发达资本主义国家与第三世界国家的同代人之间的关系，从一开始就未进入过可持续发展的视野，这已成了西方的一种逐渐强化的思维定势。这种定势把人类的可持续发展引入了一个严重的误区。

就因为人与人之间的关系没有纳入这个“可持续发展”的视线，近 10 多年来，接连引发苏东剧变、海湾战争、巴尔干冲突、亚洲金融危机，以及近年来的反全球化运动、“9.11”恐怖事件、世界经济衰退、阿根廷社会动荡、阿富汗和伊拉克局势的不稳定、巴以冲突的持续升级。难道这不正是可持续发展应当关注的真问题吗？如果一个国家、一个社会总是处在动荡、暴力和恐怖的威胁之中，又谈何可持续发展？难道这个“可持续发展”思想使人类忘却了历史发展规律、失去了历史的记忆：在一个动荡不安的社会，什么事情都有发生的可能。

联合国发展计划署在《1996 年人类发展报告》中，曾针对理论与现实的差距，概括了“可持续发展”思想走向全球性实践过程中出现的五种不可持续发展的情况：一是无工作增长（Jobless growth），即经济增长并未提供更多的就业机会；二是无声增长（Voiceless growth），即经济增长并未伴随着政治参与和民主的扩大；三是无情增长（ruthless growth），即经济增长的好处大部分落入了富人手中，贫富分化加剧；四是无根增长（rootless growth），即市场化、全球化导致了本土文化的危机以及民族冲突的发生；五是无未来增长（futureless growth），即经济增长破坏了自然生态环境。这五种“增长”中，前四种讲的都是人与人关系的恶化，第五种讲的是人与自然关系的恶化。这些恶化现在还在伴随着西方全球化的进程进一步扩大。要知道，人与自然、人与人之间的关系就是人类历史发展的两条生命线。[①] 它们之间和谐与否，决定着可持续发展思想的生命力，决定着人类历史发展的方向。

因此，我们要重新认识来自西方的“可持续发展”思想。针对资本主义生产无限扩大性与地球供应能力有限性之间的矛盾造成的发展与环境问题，提出的“可持续发展”显然包含着合理的因素。对于其中合理之外的东西，我国学者卫建林、刘奔和滕藤对此早已提出了质疑。卫建林教授指出：布伦特兰的“可持续发展”定义“没有回答一个活生生的又是异常敏感的问题：西方发达国家那种发展不仅危及后代人，首先已经危及同代人即第三世界”[②]；刘奔教授认为：现在人们普遍忧患的“生态环境”问题，“归根到底还在于它们是根源于东西、南北矛盾。不着力研究和解决东西、南北矛盾，仅着眼于人和自然的关系，这些问题不可能得到根本解决”；[③] 滕藤教授进一步指出：可持续发展并不仅仅是“生态环境”问题，“除了人与自然之间的协调发展以外，还有社会、经济的可持续发展问题，这关系到社会制度问题，关系到当代资本主义的发展模式是否可持续的问题”。

真正的可持续发展模式应该是：既能满足本国人民又能满足他国人民生存与发展需要，既能满足当代人又能满足后代人生存与发展需要，既能维护当代人的眼前经济利益又能维护人类的长远、根本利益。可持续发展的底线起码要保证人类在生存权和发展权上的公平与平等。人类生存权与发展权的平等原则，在某种

① 丛志杰：《全球可持续发展中的南北关系探析》，载《内蒙古大学学报》（人文社会科学版）2000 年第 4 期。

② 卫建林：《历史没有句号》，北京师范大学出版社 1997 年版，第 354 页。

③ 刘奔：《从“世界普遍交往”到“东西南北问题”》，载《哲学研究》1999 年第 5 期。

意义上讲，主要包括“代内平等”与“代际平等”，前者体现的是全球共同利益，后者体现的是社会未来利益。“代内平等”原则是说，部分人的发展不能削弱另一部分人发展的能力。任何人、任何国家都享有平等的生存与发展的权利，任何人、任何国家都不能以“自我为中心”，不能以损害别人、别国的发展为代价来实现自身的发展，而必须在地区、国家和全球范围内防止和消灭贫富两极分化，实现同舟共济。“代际平等”原则是说，当代人的发展不能削弱后代人发展的能力。在保证当代人平等的生存与发展权的前提下，必须照顾全球后代人的生产与生活的需要，不能牺牲后代人的利益来强调现世界的需要。其中关键在于保护当代人的利益，因为代内平等是代际平等的前提和基础，没有代内的平等就根本不可能有代际的平等。

综上所述，可持续发展可以定义为：在人类社会发展进程中，以人与人关系（包括“代内”的横向关系和“代际”的纵向关系）的解决为轴心，以人与自然关系的和谐为基准，不断地使经济效益、社会（包括人口、城市）效益和生态（包括环境与资源）效益实现最佳的组合，从而保证人、社会与自然三者整体的最优发展。

三、可持续发展的资本主义理解

西方资本主义对可持续发展的理解，与他们在环境与发展问题上的片面性观点保持着高度的一致性。

第一，西方资本主义着重强调“代际”之间及西方人与自然之间的可持续发展。不少西方学者认为，应当从可持续发展概念中剔除有关当代人之间关系的内容，以“减少概念上的不清晰性”。比如，以阿姆得森（Erik S. Amundsen）为代表的一些学者认为，可持续发展概念只能是一个不同代人之间的公平概念（代际公平），反对把同代人之间的公平（代内公平）纳入可持续发展的概念之中；以卡尔·舒尔茨（Carl Schultz）为代表的一些学者认为，在可持续发展概念中加进更多内容并不比一般性的福利要求有意义，因而应当从可持续发展概念中删除那些相异的、不规范的、多余的内容。西方学者主张从可持续发展概念中剔除代内公平，表面上是为了维护概念的“清晰性”，实际上是出于对国际垄断资本的维护。没有“代内公平”，“代际公平”能得到保证吗？“代际公平”与否，只能以当代人的活动对后代人的“生态环境”的影响为衡量尺度。当代人与后代人之间的“代际关系”是通过“生态环境”这种人与自然的关系来媒介的，当代人与后代人之间的“代际关系”并不是一种“直接的”人与人的关系。如果说当代人的生态环境保证不了，何来后代人的生存与发展。

第二，西方资本主义片面强调，“代内”之间的平等主要在于人与自然的和谐，不在于人与人的和谐。在西方主流观点中，可持续发展已经被解读成了“代际”之间的可持续发展，从而使得人们的关注点只是在“人与自然环境”的局限中兜圈子。他们忽略“代内”之间尤其是西方国家与第三世界国家之间的矛盾关系绝不是偶然的，而是基于：（1）“人与自然环境”的问题化可以帮助西方垄断资本主义掩盖阶级性或民族性。自然生态环境的恶化损害的不仅仅是西方国家，而是全社会和全人类的利益，这就容易引起人们思想共鸣并达成共识；（2）马克思恩格斯等经典作家在对资本主义制度的科学分析和怀疑的基础之上，对资本主义制度下人与人之间的这种压迫与被压迫、剥削与被剥削、支配与被支配关系作出了深刻的批判，并明确提出“人类本身的和解”是“人类与自然和解”的前提。这就迫使着今天的西方学者有意无意地回避这个问题，不敢对此作出进一步的追问。（3）苏东剧变所引发西方欢呼的“历史终结论”，也似乎使西方学者及其政府官员普遍陷入一种“资本主义歌舞升平”的虚幻图景之中。西方世界一致认为，共产主义联盟已经解体了，资本主义制度则是今后的唯一发展模式，西方发达资本主义国家已经一统江湖了，其间再也不存在什么人与人的"和解"问题，存在的只是主体与"客体"的需求关系。(4)"华盛顿共识"随着西方全球化的扩张渗入到了不少人的内心世界，从而阻碍了他们对可持续发展的正确理解。他们把人与自然环境的问题当作可持续发展的全部。

第三，西方发达国家把可持续发展锁定在环境问题上，是其全球发展战略的一个部分。为了谋求他们的全球霸主地位的可持续性，他们就用"保护环境"的口号来制约发展中国家开发和利用本国资源的主权。西方发达国家的可持续发展战略和最终目标是，通过科学技术的不断创新，来保护和维持本土环境及其生态效应，来提高自己经济增长的质量，来推销自己的消费方式和移植自己的消费文化，最终企图遏制发展中国家的发展来保持自己发展的持续性。

第四，即使西方资本主义把环境问题当作"可持续发展"的核心问题，它们还言行不一。从《寂静的春天》起，一连串的有关环境与发展的会议，基本上都是在西方发达国家的号召下举行的，在这些国际性会议上，签订了大量保护环境的双边或多边的国际条约或文件。一涉及到实质性的、关系到西方国家的根本利益问题，反映在纸上的东西都模棱两可，无任何可操作性。有的甚至是纸上谎言。西方国家擅长言惠而行不至。在行动上，它们千方百计开脱自己、逃避责任。比如，1992年的《21世纪议程》重点强调，西方国家要对第三世界提供"优惠的和减让的技术转让"，可是他们以"知识产权"保护为由，不肯作出任何让步。甚至连环境无害化技术的转让也没有取得实质性的进展。即使向第三世界国家提供了点"技术转让"或援助，还往往附有诸多的不平等的政治经济条件。

第五，西方资本主义国家想借它来推行“环境殖民主义”，以进一步剥削第三世界国家和残延自己的苟喘。他们极力将环境问题与经济问题挂钩，打着环境的旗号把环境问题作为新的壁垒，从而抵消第三世界国家资源与廉价劳动力方面的比较优势，限制第三世界国家的经济发展与社会发展，以保持其在国际经济、政治领域的主导地位。

第六，西方垄断资本把环境问题完全当作赢利的问题。环境问题催生环境技术。无疑，环境技术市场隐藏着无限的商机和利润。这正好与西方垄断资本的逻辑一致，这就是西方国家紧揪着环境问题不放的一个重要原因。

第七，西方的可持续发展完全把第三世界国家的不可持续发展作为条件。就拿消费来说，美国——一个典型的高消费生活方式的国家，崇尚浪费性消费、奢侈性消费、炫耀性消费的消费主义价值观。仅占世界人口5%的美国人，却消耗世界25%的能源。美国人均消费的粮食、煤炭和石油是非洲居民的8倍、500倍和1000倍。[①] 德国作者弗里茨·福尔霍尔茨在他的《享乐主义者造成负担》一文中也指出：一个预期寿命为80岁的普通美国人，在目前的生活水平下，一生要消费约两亿升水、2000万升汽油、1万吨钢材和1000棵大树。如果地球上所有人都像美国人这样生活，按照美国的消费水平消耗能源和资源，并相应排放有害物质，我们需要20个地球。[②]

资本主义对可持续发展的如此理解，必然会产生相应的结果。发达资本主义国家实现了环境收益的最大化，第三世界国家则收获着环境损害的最大化。发达资本主义国家环境的改善是以

① 参见魏建文：《美国与全球可持续发展》，载《广西社会科学》2002年第1期。

② ［德］弗里茨·福尔霍尔茨：《享乐主义者造成负担》，载《时代周报》1994年7月22日。

第三世界国家环境的巨大损害为代价，这种代价迄今为止尚未得到一定的补偿。“可持续发展”思想在日益全球化，环境问题也在日益全球化。

四、可持续发展的第三世界内涵

真正符合历史发展方向的可持续发展，是一种在时空上都体现着一种机会均等的公平发展。空间维度上的可持续发展，是指不同地区、不同国家的同代人之间要公平发展，是指此地区、国家的发展不能以损害彼地区、国家的发展为代价；时间维度上的可持续发展，不是指一个地区、一个国家，而是指全人类代际间在公平分配资源、共享环境基础上的持续发展。这种发展观才能与人类历史发展的轨迹同步。可现实世界却是：西方发达国家依仗其经济、科技和资本的垄断地位，将第三世界国家及人民完全抛在可持续发展轨道的外面。作为第三世界国家的人民要清楚地看到这一点，勇敢地面对现实，而不应该自暴自弃。第三世界发展的最终决定权在第三世界人民手中，也只有第三世界人民真正成为自己、自己命运、自己国家资源和发展道路的主人，第三世界的发展才会可持续。

当前，可持续发展的核心是第三世界的发展，没有第三世界的可持续发展，西方国家的持续发展就是镜中花、水中月。所以，第三世界国家认为，西方富国必须无条件地帮助第三世界发展，否则，真的就如鼓吹西方经济全球化者所说的“一荣俱荣，一损俱损”。在 1992 年的里约热内卢全球环发会议上，孟加拉国向会议提交国家报告的作者法兹鲁尔·哈克就明确地指出：“现在要由富国来决定它们是否希望（由于环境的破坏而）死亡。我们贫穷，不管怎样正在奄奄一息。”[①] 可见，第三世界国家及人民

① 路透社里约热内卢 1992 年 6 月 14 日电。

对可持续发展的理解是很睿智的。第三世界对可持续发展的理解总的来说主要体现在两个方面，一是要消除阻碍人类可持续发展的、由西方垄断资本主导的国际旧秩序，建立一个符合人类绝大多数人民的根本利益的国际新秩序，以事先保证代内之间的公平；二是在前者基础上建立一种能充分保证当代人与后代人都具有平等发展权利的先进的社会政治制度，以合理分配使用社会资源、政治资源、自然生态环境资源、文教卫生和科技等资源，来解决马克思所指出的“两大和解”。从这个意义上讲，可持续发展不是一个目标，而是一种历史过程，是一种思想，是一种运动。

第三世界的以上认识是基于以下几个原因：第一，现行的国际旧秩序，已使第三世界国家走上一条生态系统遭到破坏、两极分化日益严重的发展道路。第二，长期的西方资本主义国家的新旧殖民主义政策，使第三世界国家陷入越来越严重的外债困境。即使第三世界国家不断地消耗自己的资源、破坏自己的环境来增加原材料的出口，也不足以支付偿还外债的高额利息。第三，第三世界国家不适当地开发自然资源，导致了绝大多数土地及土地上的自然生态系统遭到破坏，或者发生了巨大变化。第四，第三世界国家环境发展的潜力遭到破坏，并不是由于过多的人口压力所致，主要是由于一种具有依赖性、集中而单一的发展模式所产生的政治经济格局所造成的。第五，认为环境问题是自然和社会进程总体中的一个环节，要从经济政治结构上对造成环境问题的原因进行探讨，以便提出可供选择的解决办法。第六，第三世界国家和人民普遍认为，不能把环境作为一种在发展中势必要受到破坏的可利用的自然资源。对要求统一支配自然生态环境、科学技术和文化教育等方面资源为基础的可持续发展来说，环境应该是一种生产潜力。第七，第三世界国家认同当下利用科学技术对环境问题的控制和预防的积极政策，承认那些把重点放在技术控制和对毁灭性生态破坏的预防上的环境政策存在一定的局限性。第八，可持续发展的当前问题，关键是要考虑到怎样使每个国家或地区依托自身的自然、社会、经济和文化条件，朝着有利于建立社会利益和环境协调共存的新的合理性经济和政治制度发展。这样就可以全面利用好自己的资源，发展好自己的经济，保护好自己的环境，实现好人民的基本需要和改善好人民的基本生活。第九，认为解决环境问题的具体方法，最终要取决于以各社会团体的文化价值、人民的创造力及其革新潜力为基础的新的社会组织能力。①

第三世界国家及人民还深知，可持续发展不仅仅是指生态、经济和社会的问题，主要还是指政治的可持续发展，没有政治制度的可持续发展，其他方面的可持续发展就缺乏一个可靠的前提保证，从而也就无法实现。② 可持续发展的实质是要解决当前人与人之间存在的紧张对立关系，实现人与人关系的和谐。人与自然关系的紧张对立，实际上是人与人之间关系的紧张对立的外在表现。不消除人与人之间关系的对立，就不可能真正实现人与自然关系的和谐发展。人与人的关系集中表现为政治关系。一定的政治关系以一定的经济关系为基础，但其一经产生就深刻地影响和制约着其他各种社会关系。由于全球政治的分裂造成了政治发展的困境，进而形成一个少数人统治多数人、少数国家统治多数国家的不可持续的国际经济政治格局，从而使许多国家和地区根本就不可能实行可持续发展。可见，没有政治的可持续发展，经济、社会、生态的可持续发展是难以实现的。

---

① 哥伦比亚《时代报》1988 年 7 月 3 日报道。

② 谌克祥、曹鸿飞：《可持续发展的哲学研究综述》，载《湘潭师范学院学报》(社会科学版)，2002 年第 1 期。

第三节 国际合作，共建国际经济政治新秩序，以求生态环境的缓解

人与自然、人与人之间矛盾的彻底解决，在当下还没有真正的、科学的操作方法。在现实条件下，去争取一种相对的解决方案，是有可能的。就环境与发展而达成的广泛的全球合作（即通过国家、地区和民族等表现出来的人与人关系的优化与协同），可以也已经开始打破文化宗教观念和意识形态的屏障，进入人类的眼睑。在全球化日益深化的今天，一方面，西方发达资本主义国家相对主宰着第三世界，另一方面，西方国家无论是从经济发展还是从政治发展都依赖第三世界国家。如原料方面，美国虽拥有世界矿物原料总储量的44%，但其工业消费的95种主要原料中，有68种需要从第三世界国家进口。西欧和日本原料的1/4和2/5也要从第三世界进口；能源方面，美国40%的石油靠进口，日本、德国、法国的石油90%依赖进口；市场方面，美国出口总量的40%、日本的1/2是输往第三世界国家的。①

1992年联合国环境与发展大会通过的《21世纪议程》所体现的共同性原则，为超越不同国家的文化宗教观念和意识形态的差异，为全人类合理地调节人与自然的关系奠定了必要前提，为相对地解决全球环境问题提供了广泛的国际合作可能。

一、可持续发展的全球共识

自从1980年，一个叫做国际保护自然与自然环境联合会的组织在联合国环境规划署和世界野生生物基金会合作下发表的

① 李祥：《生态环境问题根源辨析》，载《科学技术与辩证法》2003年第4期。

《世界自然保护战略》，提出了“持续发展”概念以来，到 1987 年布伦特兰夫人在《我们共同的未来》报告中“西方式”定义“可持续发展”，再到 1992 年联合国在巴西召开的环境与发展大会，把走可持续发展之路确定为今后各个国家的发展战略，可持续发展思想最终成为全球人类的共识。

这是个艰苦的探索历程，里面凝结了当代人对可持续发展思想认识的不断努力。不管是西方马克思主义者、西方绿色和平主义者、西方关注第三世界国家前途和命运的有良心的发展经济学家及政治学家，还是第三世界国家的学者，都从更高的观察视角，提出了解决全球环境问题的一些思路和方法，这是真正意义上的历史进步。因为它们最终构成了一种历史的“合力”，为全球环境问题的缓解提供了思想基础，共同推动着国家及国际社会朝着真正可持续发展的方向迈进。

二、发达资本主义国家生态债务的清偿和科学技术的无偿转让

相对而言，西方发达资本主义国家的环境因其高科技、高环保意识、雄厚的资金优势比第三世界国家要好不少。环境是不分阶级、不分国界的，第三世界国家环境的继续恶化同样会影响西方国家。2003 年夏季，欧洲出现了历史上罕见的炎热天气。持续高温引发了严重的干旱和用水短缺，造成欧洲多处发生森林火灾，数十万公顷林地被焚毁，老人和身体虚弱者的死亡率也急剧上升。8 月，欧洲部分地区的气温达到 40 摄氏度以上，创历史新高。高温造成欧洲各国死于酷暑的人数超过 1.5 万，最为惨重的法国已有 11435 人命丧热浪。瑞士联邦理工学院气象学教授克里斯托夫·舍尔根据研究推断，受全球变暖的影响，欧洲地区出现夏季高温天气将不再是“反常现象”。到本世纪末，每两个夏

季中，至少有一个将像2003年夏季一样炎热[1]，美国也不时发生严重的森林火灾，难道这些仅仅是纯粹的自然灾害？未必吧！这里面原因虽然复杂，但资本主义生产方式难辞其咎。环境问题的解决不能只局限于西方发达国家，主要应先行解决第三世界国家的环境问题。

发展时间差的存在，决定着环境标准的差异。第三世界国家的社会经济发展起点真正算起应该是在二战后的民族解放独立运动，这足足晚于西方国家三百余年，正是第三世界国家用这三百余年的牺牲养育了西方的繁荣。西方发达资本主义国家的有害气体排放量占世界的65%、资源消耗量占全球的80%。面对同一个地球、同一片天空、同一个臭氧层，他们竟然要求世界各国采取相同的环保标准。发达国家应该在环境资金分担、环境技术转让、限制有害气体排放与有毒废弃物的越境迁移等方面承担更多的责任与义务。

前面分析了，只要政治上的可持续发展问题没有解决，第三世界经济及环境上的问题也就无法彻底解决，至多也只能有个缓解。历史加现实的资本主义全球化已经把第三世界的经济与环境边缘化，经济的贫困更加制约着恶劣环境的改善。一面要保护环境，一面要生存发展；一边是资金严重不足、科技缺乏，一边是资金富余、科技垄断，这就是目前第三世界国家改善环境问题面临的现实问题。治理改善环境、预防环境破坏不仅需要巨额资金的投入，而且需要先进技术的支撑。由于环境问题的原初责任主要在于五百余年全球化扩张的西方资本主义国家，由于环境问题的全球性特点决定着环境改善的未来受益者不仅仅是第三世界而是全人类，由于第三世界国家在环境问题上也存在着自身的因素，治理改善环境应该遵循资金共担、技术共享的“共同而有差

① 英国《自然界》杂志，2004年1月11日。

别”原则。

首先，西方发达国家必须清偿欠第三世界国家的“生态债务”。这里的“生态债务”是个宽泛的概念，包括资本自打来到人间以来，在全球建立世界市场过程中给第三世界造成的大部分损失，即对自然生态环境直接破坏所造成的损失、贩卖黑奴所得的利润、掠夺第三世界国家的资源所得、利用“中心－外围”的垄断地位通过贸易“价格剪刀差”获取的利润、因军事战争破坏生态环境造成的经济损失等。如果第三世界国家能收回这笔庞大债务，那么其环境问题缓解的资金是不成问题的。有了这笔资金，第三世界国家就基本上可以解决吃、住、穿、医、喝等生存问题。对于如何“还账”，帮助第三世界解脱环境与发展困境，国际社会应建立一个有力机构和长效机制，进行立法帮助解决这个重要问题。

其次，西方发达国家应根据其经济实力投入相应资金，共担环境保护责任。在偿付完债务后，西方国家应根据《里约宣言》所规定的以国民生产总值的0.7%无偿援助第三世界国家发展经济和改善环境。

再次，西方发达资本主义国家应提供主要技术给第三世界国家。提供转让的技术应是多方面的，既要有发展经济的科学技术，又要有环境技术，至于环境技术应该无偿转让。

最后，西方发达资本主义国家应免除第三世界国家所欠的一切债务。这些债务大多数都是在不公平或者信息不公开不对称的情况下欠下的，有的甚至是基于欺诈而形成的。这些历史性的沉重债务严重地加深了第三世界环境的恶化。美国前副总统艾尔·戈尔在其畅销书《燃烧中的地球》中提出，要注重非洲和拉丁美洲的新的世界经济主张。他建议富国不应再要求第三世界国家偿还过去债务的利息，这样做将会使地球上紧张空气和冲突地区的贫困消失。在书中，戈尔还建议无条件支持第三世界的公共交通运输事业、淡化汽车文化和主张马歇尔全球计划，即拿出1000亿美元向第三世界转让技术并与之订立合作计划。无疑，他的这些建议非常有助于缓解第三世界国家的环境问题。尽管他的建议遭到垄断资本集团的抵制和反对，但是从西方领导层开启了以免除债务来换取对自然生态环境保护的先例，这是一个良好的策略与开端，具有历史性突破的意义，希望能不断地在西方世界传播并扎下根来。

三、南南合作

在当前的国际格局中，第三世界国家要缓解环境问题和获得持续发展，最终是要靠第三世界人民的积极参与和历史创造。不能过分相信别人，把自己的命运系在别人的裤腰带上，不能迷信并听从别人来操纵自己的命运和发展道路。这种日子一天不结束，第三世界国家的环境与发展困境就一天不会终结，全球性环境问题就一天无法解决。

面对少数西方发达资本主义国家操纵的国际旧秩序，第三世界应采取一致立场，不屈服于发达国家的经济政治压力而团结合作起来。解决第三世界国家环境问题的基本条件之一是南南合作。环境合作是一条很好的途径，这种合作不会严重侵害任何现有的权利，还可以给所有国家带来共同利益。

南南合作是缓解全球环境问题与促进第三世界发展的一个重要基础。冷战的结束，全球化、自由化、区域合作和相互依存的增强，都使这种合作变得更为必要和迫切。南方国家展现出来的共同和不同的处理环境与发展上的经验和技术知识，为双边、区域间和全球间的进一步合作提供了许多机会。如果能抓住这些机会，就会为第三世界国家环境问题的改善和社会发展奠定更牢固的基础，并进一步为全球环境与发展合作提供重要的补充。

南南合作可根据地理位置、民族特性、文化宗教背景、资源与经济的互补性先进行区域性合作，时机成熟再来搞区域联合以至达到最高层次的合作。

区域合作是南南合作的最低也是最重要的层次。区域合作为处理共同关心的环境和社会问题提供了一种手段。各国解决贫穷和失业以及促进社会一体化的努力也可得益于区域合作。此外，还可探讨是否可能利用区域论坛作为合作手段，用以支持旨在促进和保护所有人权、生态环境和基本自由、法治和民主制度的国家行动。

下面我们来看看东盟的环境合作过程及其取得的成绩。

东盟这个区域性组织在面对环境恶化问题而进行的合作上取得一定的实效，值得其他第三世界国家借鉴。经济的迅速发展使东盟地区许多国家摆脱了贫困问题，但却带来了诸多的环境问题。东南亚是全球自然资源最丰富、最多样化的地区之一。由于东南亚人口多达5亿，频发的旱灾和水灾以及随着分水岭和森林被破坏，使得该地区资源压力严重。基于这些原因，东盟的领导人把环境保护和自然资源的可持续利用和管理，视为本国和东南亚地区长期经济发展的基础。他们不仅警惕着，发达国家倡导的有碍于第三世界各国执行环保措施的保护全球环境的所谓国际模式，而且强烈要求西方国家调整其生产和消费模式，以实现可持续的全球环境。马来西亚总理马哈蒂尔·穆罕默德在1992年里约会议上说："北方国家对环境恶化的担忧为南方国家提供了前所未有的影响力。"

东盟大多数国家正处在社会转型时期，工业化发展较快，造成的环境问题也较严重。近几年来，跨边境烟雾污染已成为东盟面临的最突出的环境问题。1994年、1997－1998年，已经发生了多起大规模森林火灾和烟雾事件。这些火灾和烟雾所造成的破坏，远远超过了森林和生态系统的破坏。跨边境烟雾虽然来自某一个国家或地区，但却污染了整个东盟的空气，危害人体健康，使千百万人的经济状况倒退。跨边境烟雾对温室气体排放、热带雨林以及相关生物多样性消失造成的影响波及到全球环境。

早在1977年，东盟在联合国环境规划署（UNEP）的支持下就成立了东盟环境开发项目Ⅰ（ASEPI）。它以区域合作为框架，列出了有关环境问题的不同重点和行动。1978年12月，在东盟科技委员会的建议下，首次东盟环境专家小组会议在雅加达召开。1981年4月，在马尼拉召开的首次东盟环境部长会议认可了ASEPI。会上通过的马尼拉宣言确定了合作的大目标，是为了保护东盟的环境和自然资源的可持续性，消除贫困，使东盟国家的人民过上高质量的生活。

1993年东盟高级官员第四次环境会议在曼谷召开。会上通过新的《东盟行动纲领》。它包括5个目标：回应《21世纪议程》中要求东盟采取行动的具体建议；鼓励各国和东盟地区在所有发展过程中融入环境因素；制定提高环境质量的长期目标，并努力协调东盟地区环境质量标准；采取一致行动解决共同的环境问题；以及采取措施把完善的贸易政策和完善的环保政策融合起来。

1995年，东盟开展了东盟环境年。1997年12月东盟通过了《区域烟雾行动纲领》；接着1999年8月26日在新加坡召开了东盟环境部长会议，回顾了印度尼西亚苏门答腊岛和婆罗洲大火的解决措施以及《东盟区域烟雾行动纲领》的执行情况。首次东盟环境论坛也于1999年9月20日在越南的河内召开。

1999年2月，东盟在欧盟的财政支持下建立了总部在菲律宾的生物多样性保护区域中心，以加强生物多样性保护的区域合作。这个中心还是东盟各国间以及东盟和欧盟伙伴组织间建立网络和组织联系的枢纽。

此外，还颁布了东盟地区的环境教育规划——《东盟环境教育行动纲领，2000-2005》。采取这个措施的原因是，人们意识到，东南亚实现可持续发展的目标取决于人民理解环境和开发问题，以及选择最佳发展目标的能力和头脑。公众意识和监控均是解决区域环境管理和资源开发问题的重要步骤。①

东盟环境合作的实践证明，区域间的环境合作是非常可行且有效的。第三世界国家要加强南南环境方面的合作，努力抵制西方发达资本主义对自己的各种盘剥和侵蚀，首先要从区域环境合作开始。

随着经济全球化和贸易自由化的不断发展和深化，环境领域中的国际矛盾和争议也日趋频繁、尖锐。② 西方国家在大喊“老虎来了”的同时，利用环境壁垒采取“弱肉强食”政策对待第三世界。鉴于此，第三世界国家首先要维护本国资源主权，制止西方跨国公司对第三世界国家资源的控制和掠夺，减少第三世界国家因资源开采过度对生态环境产生的灾害性影响。第二，第三世界国家要维护本国环境主权，通过区域合作集体限制发达国家向自己转移高密集污染产业及危险废物，减轻对第三世界国家生态环境的危害。第三，区域内部应采取基本统一的环境标准、贸易标准、市场准入标准、环境技术转让与共享标准、环境教育合作等有效措施，实施“全球性环保，地区性行动”，切实改善自己的生态环境来保证经济社会的持续发展。

四、利用环境外交推动国际经济政治新秩序的建立

环境问题，阻隔着世界的和平与发展。因环境问题而展开的环境外交，成为世界经济政治领域的重要议题。环境外交是各外

---

① 以上资料大多数来自 Elizabeth Davis：《东盟环境合作》，载《世界环境》2002 年第 5 期。

② 田华峰：《环境污染的国际政治经济学：经济全球化中的环保困境》，载《新华文摘》，2001 年第 9 期，第 58 页。

交主体通过谈判、协商等和平方式，以调整国际环境关系的各种活动的总称；是各国推行各自环境外交政策、维护其环境权益和促进全球环境事业发展的重要手段。通过积极的环境外交，相信国际经济政治旧秩序会受到不同程度的冲击和转型。

自然生态环境是一个完整的系统，它并不以民族国家的行政疆域为界，任何一个国家的自然环境都是整个地球生态的有机组成部分，任何环节的破坏或失衡都会打破整个生态系统的平衡。生态破坏、环境污染造成的环境压力是跨国界的，它危害的是整个地球及人类，尤其是大气污染、水污染造成的生态环境问题的危害性更是如此。任何国家想要在它的主权国家疆域内控制好环境污染、享受优美环境都是非常困难。为对付全球性环境问题，各国必须加强充分利用国际大舞台，通过环境外交来推动国际经济政治新秩序的建立，来共同解决所面临的环境问题。

环境外交可分为双边环境外交、区域性环境外交和全球性环境外交。在环境外交活动中，不管是发达国家还是第三世界国家都必须强调人类的共同利益，表示对全球利益和子孙后代利益的关注。由于涉及到整个人类的整体利益，环境外交既可行又有效。通过环境外交，国际性的有关环境保护的条约不断地在磨合中协商产生，“在环境外交舞台和谈判桌上，不同社会制度、经济科学技术发展水平、文化传统、宗教信仰和意识形态的国家代表和非政府组织的代表，能够共聚一堂不厌其烦地讨论研究国际环境事务和协调国际环境关系”。[①] 这就充分证明，环境外交的价值取向，是为环境问题的缓解以及可持续发展服务的一个可靠的国际性理性工具。说它只能缓解环境，是因为当前存在一个不合理、不公正的国际经济政治旧秩序。

---

① 蔡守秋：《论环境外交的发展趋势和特点》，http：//www.yfzs.gov.cn/ 2003－02－18 21：59：14.

不合理、不公正的国际经济政治旧秩序，是南北矛盾及阻碍南方国家的可持续发展的最基本根源。国际经济政治旧秩序是帝国主义殖民时代的产物，包括以不合理的国际分工为基础的国际生产体系、以不等价交换为基础的资本主义国际贸易体系、以垄断为基础的资本主义货币金融体系[①]、以“民主议会制”和强权政治为基础的资本主义政治体系。西方发达国家在二战后基于发展中国家的民族民主独立解放运动的胜利，而被迫放弃了殖民统治。但是，它们依赖其所掌握的科学技术、经济优势和政治历史惯性，仍旧极力维护旧的国际秩序，并且改头换面地进行着包括环境殖民主义在内的新殖民主义政策，进而对发展中国家重新控制和剥削。

不合理、不公平的国际旧秩序是南北关系的核心，是实现全球可持续发展的主要障碍。全球可持续发展的根本出路就在于建立公正、合理的国际经济政治新秩序。

在目前的国际旧秩序里，第三世界国家如何进行有效的环境外交呢？巴西世界人类环境会议秘书长莫理斯·斯特朗主张，要通过环境外交建立一种以道德伦理和精神价值为最终基础的新的全球伙伴关系，来确保我们地球的安全与人类的可持续发展。他指出：“现在世界大家庭面临的我们在环境问题上造成的后果，给我们共同安全造成的危险要大于传统的相互之间军事冲突带来的危险。道德伦理和精神方面的价值是人民和国家产生动力的最终的基础，我们应当加以利用，并表现在创立新的‘地球道德’，从而激励人民共同加入包括南方、北方、东方和西方在内的新的全球伙伴关系，确保地球的一体性，使之成为我们这一代和后代

① 丛志杰：《全球可持续发展中的南北关系探析》，载《内蒙古大学学报》（人文社会科学版）2000 年第 4 期。

子孙的安全、平等和温馨的家园。”[①] 话是这么说，但是没有西方富国的政治意愿和率先行动，第三世界的环境外交很难取得预期的目标。譬如，美国对《京都协议》的态度就是个明证。为什么以美国为首的西方发达资本主义国家就做不到这一点？其实不是做不到，而是不愿做。何况仅美国一国所排放的引起温室效应的气体数量之多以及对世界气候变化影响之大，与整个第三世界不相上下。这里就暗示着没有必要的斗争就不会有好的效果。

第三世界国家在进行环境外交的舞台上要有理、有利、有节地与西方发达资本主义国家进行斗争，在斗争中既要制定战略还要讲究策略。由于南北双方在环境领域的合作，相对政治、经济领域而言还是更具有良好的基础，因为环境问题的全球性、灾难性、复杂性、毁灭性牵涉到南北双方共同的利益，这就使得第三世界国家有了斗争的空间与可能性。

有理，一是指大家普遍承认，第三世界国家的自然生态环境的破坏和资源的过度消耗的主要责任，在于西方发达资本主义生产方式的扩张，西方国家理应在第三世界环境保护方面作出更多的承诺与行动。二是指西方国家的发展越来越离不开广大第三世界国家，正如德国前总理勃兰特领导的“全球政治管理委员会”曾经指出的，现在世界各国的利益是相互依存的，南方国家离不开北方国家，北方也离不开南方。我们大家坐在同一条船上，如果南方的一端在下沉，北方是不能无动于衷的[②]。

有利，一是指有利于通过环境外交迫使西方国家偿还“生态债务”、提供资金与技术支持，来缓解与改善第三世界国家的环境问题。二是指有利于可持续发展思想更大程度地转入到实践行

① 王伟：《生存与发展——地球伦理学》，人民出版社 1995 年版，第 215 页。

② 参见国际发展问题独立委员会报告：《北方和南方：一个争取生存的纲领》，1980 年。

动中，而不是停留在资本家的口头上。

有节，一是指要基于自己国家的国情，实事求是地搞环境外交，而不能好高骛远，也不能借环境外交来损害环境与发展。二是指要基于世情，尽量联合其他第三世界国家以一个声音说话，共同应对西方国家，争取到更多的公平与合理。

在战略上，不能对西方发达资本主义国家的合作抱不切实际的幻想，把环境问题的解决完全寄托在发达资本主义国家的身上，而应在充分认清发达资本主义国家的殖民主义本性的基础上，重点开展反对它们推行环境殖民主义的斗争。首先，第三世界国家要团结一致、旗帜鲜明，形成一种强大的外部压力，这样才能使发达资本主义国家重视第三世界国家在环境问题上的利益诉求，才能迫使发达资本主义国家为解决第三世界环境问题承担相应的责任；接着，第三世界各个国家应该在提高环保意识的基础上，积极完善国内环保方面的法律政策制度，加强环保执法力度，杜绝发达资本主义国家企图掠夺自己的环境资源，转嫁他们的环境危机的险恶用心。

在策略上，要注意把斗争和合作结合起来。各国要从自己的实际出发，考虑自己的历史、政治、经济状况和文化宗教传统，灵活性地运用好环境外交这个武器。该坚持原则的时候，决不能妥协、让步；该合作的时候，可以考虑牺牲小利益而成就大利益。合作的前提，必须是发达资本主义国家要有更多真诚的政治意愿、对第三世界国家提供更多的经济和技术援助。只有这样，第三世界国家才能期望发达资本主义国家，共同来为促进全球环境问题的缓解和环境质量的改善而努力。

在斗争中，第三世界国家要当心西方全球化中夹杂的把绿色意识形态化的用心，不要掉入其陷阱。不可否认，全球化意识形态的主流思想是新自由主义，新自由主义在意识形态上的霸权地位，在短期内是不可能消除；同样不可否认的是，当代的环境外交领域已深深打着新自由主义的烙印。环境外交已成为强国追逐其政治、经济、科技目的的武器。因核武器、细菌武器和其他环境致变技术而引起的环境外交活动，以及像1991年海湾战争、1999年科索沃战争以及借“反恐”而掀起的阿富汗战争和伊拉克战争所造成的环境外交活动，已经与军事问题完全融合在一起。环境外交活动正日益深刻地影响着各国的产业结构、进出口贸易和经济、社会发展方向。在某种程度上增加了第三世界国家环境外交斗争上的复杂性和策略性。

在环境外交舞台上，就正如1972年6月5日通过的《人类环境宣言》所指出：“有关保护和改善环境的国际问题应当由所有的国家，不论其大小，在平等的基础上本着合作精神来加以处理，必须通过多边或双边的安排或其他合适途径的合作，在正当地考虑所有国家的主权和利益的情况下，防止、消灭或减少和有效地控制各方面的行动所造成的对环境的有害影响。”① 经过各方的努力，特别是在20世纪60年代以来，成立了一系列国际性的生态保护组织，召开了多次世界级的重要环境与发展会议，产生了上百个极富有指导意义的纲领性的宣言、公约、法规等文献，从理论上使得全球环保工作进入了法制化、规范化的阶段。

环境外交取得了显著的成绩，也存在着严重的的问题和缺陷。自1992年在巴西召开的、标志着“可持续发展”思想在全球范围内已从理论走向实践的第一次全球人类环境与发展会议至今，只见到更多的文件签署，没有看到太多实际行动的付出，环境问题更加恶化，第三世界发展问题险象环生。通过这些会议，人们更清醒地认识到，这些以解决环境问题为主旨的峰会并没能解决任何实质性问题，所谓的峰会协议不过是各种贪欲、自私的妥协物。

---

① 万以诚、万研选编：《新文明的路标——人类绿色运动史上的经典文献》，吉林人民出版社2000年版，第6页。

有文章评论约翰内斯堡地球峰会是“国际官僚主义的集中体现”。这两次会议，从正面反映第三世界国家及人民不要对西方资本主义国家抱有乐观的期望，从反面为环境问题的历史唯物主义解决做了很好的注解。

总之，在环境与发展领域里的国际合作是符合各国及整个人类的利益和需要。本着全球伙伴关系的精神，通过第三世界国家间的环境合作、西方资本主义国家间的环境合作以及南北之间环境方面的合作，将会有利于发达国家与第三世界国家一道起来缓解环境问题，从而在缓解过程中，慢慢地、渗透性迫使发达国家增加对不发展地区的援助、放弃掠夺性贸易、减少过于奢侈的消费、改造旧的生活观念等等，进而来改造这个既定的不合理的国际经济政治旧秩序，放弃西方旧式的支配性模式，建立机会更加均等、权利更加平等、规则更加公正的国际新秩序。

戴维·皮尔斯等作者在《世界无末日》中详尽地论述了环境问题的国际合作的重要性与必要性。他们说：“许多环境问题跨越了国界，这些问题必须通过谈判、协议，特别是落实协议来解决，没有这种合作，各国需要更多的资金才能解决问题，造成更多的资源浪费。因此，首先问题是设计出一种有效的刺激机制，促使有关方面合作。国际性的环境问题需要国际性的环境政策。”① 戴维·皮尔斯他们提出，要通过加强国际合作来解决生态环境问题，但是他们没有看到解决问题的根本点，是消灭私有制及其所引起的利益对立。资产阶级对剩余价值无休止的追求和发展中国家与发达资本主义国家的利益对立，严重阻碍着生态环境问题解决。资产阶级不会自动放弃剥削无产阶级创造的剩余价值，发达国家不会自动放弃掠夺发展中国家的资源和向发展中国

① ［英］戴维·皮尔斯等：《世界无末日》，中国财政出版社 1996 年版，第 410 页。

家输出污染。

国际合作是可能的，作用是有限的，环境问题的解决是暂缓的。只要资本主义私有制及其生产方存在，建立符合第三世界国家及人民利益的国际新秩序只能是一个奋斗的理想。

第四节 选择代表绝大多数人利益的社会制度

人类向何处去？关键在于第三世界国家向何处去？环境问题及可持续发展为人类社会发展提供了一个变革的契机。世界人民最清楚。

一、可持续发展是孕育于资本主义制度内的一种新社会因素

可持续发展既是一种思想、一种运动，还孕育着新的社会制度。真正的可持续发展社会是超越资本主义社会的。可持续发展社会已经在资本主义腹中蠕动，环境问题的全球化是临产前的阵痛。环境问题的特点以及可持续发展思想与运动的全球化决定了整个世界的变革迟早要到来。

人类的一切活动实践、科学活动的必要条件，就是人要成为自己命运和自然命运的真正主人。自己的命运自然由人类自己掌握，自然的命运是由人类自己的生产生活行动所决定。我们要坚决摒弃这种以个人利益或群体利益为根本价值尺度的、西方所崇尚的“个人中心主义”或“群体中心主义”。要达到这个目标，关键是要先解决目前政治格局下的人与人之间的剥削与被剥削、压迫与被压迫的关系。而“全球环境变化和生态环境问题的现有政治经济结构发出的挑战，向我们提出了世界重新设计与组织的严肃课题，比如，国家间谈判与合作的形态，可持续发展所要求的世界财富的分配和全球民主化的新形式，等等。……在国家观念

的现有尺度内，秩序、正义等标准已经形成特定的模式；而一旦超越这种尺度，就会发现许多不完善之处。……环境问题和生态政治可能正在改变占支配地位的偏好和价值，创造新的思维空间”。①

发达资本主义国家率先提出的可持续发展思想，本是马克思主义的题中之意。马克思主义的科学性、世界性已被历史明证。许多著名国外学者都承认，马克思主义现在依然是了解全球现实变化的最有用、最有力、最重要的理论分析工具。它不仅在社会主义国家永放光芒，资本主义国家也在组织专门的研究机构和专门的人员，从它那里学习有利于调整、调协资本主义生产关系的万灵药方。随着它们从马克思那里学得的东西越多，它们向社会主义转化的速度就越快。经资本主义之口而提出的可持续发展思想意味着社会变革有了契机，我们必须抓住这个机遇，积极地促使这个变革的早日实现，进而推动人类历史进步。

马克思认为，人类历史的发展方向是由低级不断地向高级发展。决定历史发展方向的是社会基本矛盾，即生产力和生产关系的矛盾。人与自然是生产力的主体和客体，只有在人类成为社会的、自然的主人，在人类绝大多数从社会的、自然的桎梏里获得自由的情况下，才能为解决环境问题开辟成功之路。

发达的生产力是可持续发展的一个根本基础。可持续发展思想从提出到普遍认同、接受，生产力起了决定性作用。在低下的生产力下，提不出可持续发展思想。从这方面讲，资本主义的生产力无疑就是一种社会变革的力量，它为更高级的社会形态准备了物质基础。只有当生产力发展到一定的水平，才会引起人们思想的变革。生产力有建设性的一面，也有破坏性的一面。生产力

① A. Hurrell，International Political Theory and the Global Environment，ibd，P150－152.

作用的发挥是否得当主要是看它掌握在谁的手中，如果是掌握在绝大多数人的手中，建设性的一面占主导，但在资本主义社会里，生产力是根本不可能掌握在绝大多数人手中的。

在资本主义主导的二元制度的社会，由于资本主义的社会化大生产和生产资料私有制之间的矛盾的不可解决性，人们在享受高度生产力发展的同时，其生存和发展的环境也遭到巨大的破坏。由资本主义首先提出的可持续发展并不是他们的本意和初衷，他们要的是以此为借口，牺牲其他国家和地区的环境来维持自己的发展。这完全可从 1992 年的第一次全球首脑地球会议和 2002 年的地球峰会的“成果”看出它们的伎俩。但历史不是它们的婢女，是不会服帖地听他们使唤。在这全球化不断深化的时代，思想的传播也是迅速的，可持续发展的思想早已渗透到全球人的头脑且超越了资本主义的视域，成为了变革资本主义制度的先声。

超越资本主义的先进社会制度是可持续发展运动的根本方向。根据前面的分析，要想使可持续发展思想成为现实，必须要有一个更高级的、合理的社会制度，也就是说，要彻底改变资本主义制度。在资本主义社会里，资本主义的私有制造成了人与自然的对立与分离，人的发展基本上被当作一种劳动力的发展来看待。生产资料的资本主义私人占有形式在不少方面限制了人与自然的和谐以及人的全面发展的实际实现。现代科学技术的资本主义运用对自然界的巨大干涉能力的空前提高，使这个问题达到了空前尖锐的程度。恩格斯在《自然辩证法》一文中认为，人离开自然界越远，人了解、掌握自然界的规律，支配自然界的物质和能量就更强大，人与自然界就能获得更高水平的统一。人与自然的统一，永远是在社会机体的具体发展和更替中实现的社会历史统一。可以这么说，历史地形成的人与自然的分离愈是强烈，它们之间的统一也就愈是深刻而全面。我们应当辩证地看待人与自然的相互作用和统一，这是一个客观的历史过程。不度过资本主义造成的人与自然的巨大分离，也就不可能到达共产主义时代的那种新的统一。物质财富的高速增长是向自然界索取的积极成果，它的消极面就是对人类赖以生存的自然环境的破坏、污染。资本主义生产是“一般社会生产过程的一个历史规定的形式”①，在前后相继的历史长河中，生产过程、劳动过程的“一定的历史形式达到一定的成熟阶段就会被抛弃，并让位给较高级的形式”②。可持续发展思想在资本主义范围内的首先提出，正说明了革命的因素在资本主义内部滋长。

可持续发展思想的核心是实现人的全面发展，实现人的全面发展是马克思主义的终极目标。马克思曾预言公有制条件下的人们在物质生产领域中获得自由，就是“社会化的人，联合起来的生产者，将合理地调节他们和自然之间的物质变换，把它置于他们的共同控制之下，……适合于他们的人类本性的条件下来进行这种物质变换”③。人类能力的这种社会生产的目的不是为了增殖财富，而是发展——全面的发展，这就是要让人的自由时间充分扩大。这是马克思所指明的一个极其宝贵的思想。

从物质层面上讲，人类社会的发展的终极目标，即全人类的全面自由发展的实现必须要有一定的物质基础。物质无疑是社会进步的基础，但物质充裕并不等于一切，人类的幸福追求还有更高的层面，即实现自身的全面发展。如果把物质财富作为人类经济活动的终极目的，人就成为物质财富的奴隶。一旦人成了物质产品的奴隶，他对于具体物质财富的追求就永无止境，他的物欲

① 马克思：《资本论》（第三卷），《马克思恩格斯全集》第25卷，人民出版社1974年版，第924—925页。

② 马克思：《资本论》（第三卷），《马克思恩格斯全集》第25卷，人民出版社1974年版，第999页。

③ 马克思：《资本论》第三卷，人民出版社2004年第2版，第928—929页。

也就成了不可满足的需求。这样一来，就会陷入目前资本主义所走的“人类中心主义”、“消费主义”的怪圈，走上一条非持续的不归发展之路。

从精神层面上讲，马克思指出，人的全面发展的实质是人的本质力量即创造力的充分体现，创造性是人与动物的根本区别之所在。顾及生态系统承受力的发展才具有可持续性。要实现这种发展，首先必须健全人的精神生态，从追求物欲转向追求全面发展。这是一个全面的演进过程，需要进行深刻的社会变革，仅靠对自然的改造是不够的。人类能力的发展，必须通过扩大人的自由时间来全面发展人的能力个性，只有这样才能促进人类本身的一般生产力的发展。共产主义理想社会按“需”分配的“需”是什么？不能从无限的物欲上来理解，而必须从人类能力与个性自由发展的需要来理解。人的发展形成物质生产的巨大源泉，创造缩短生产劳动时间前提条件，提供更多的自由时间，进而再促进人的发展。这种社会发展的自然人本规律，就是社会可持续发展最根本的机制。它只有在社会主义社会更高阶段特别是未来共产主义社会才能得以真正实现。

人与自然和谐统一的理想境界的实现，不能依靠资本主义制度，而只能依靠更高级的社会制度——社会主义、共产主义的实现。因为，在资本家看来，人是微不足道的，而产品则是一切。资本主义的工业生产直到现在还处于掠夺战争的状态；因为共产主义“作为完成了的自然主义，等于人道主义，而作为完成了的人道主义，等于自然主义，它是人和自然界之间、人和人之间的矛盾的真正解决，是存在和本质、对象化和自我确证、自由和必然、个性和类之间的斗争的真正解决。”①

① 马克思：《1844年经济学哲学手稿》，《马克思恩格斯全集》第42卷，人民出版社1979年版，第120页。

不断鼓噪的经济全球化给资本主义重辟了苟延残喘的新天地，但它所带来的越加严重的全球环境问题给正在资本主义内部萌芽的革命因素，在全球燎原且迅速发展提供了条件。不管怎么样，我们从客观的历史运动来看，资本主义还是推动人类社会发展的重要进步力量。没有资本主义的大发展就没有可持续发展思想的孕育、提出。可持续发展，就是一种内生于资本主义制度的、正在茁壮成长的革命因素。马克思、恩格斯在《德意志意识形态》一文中指出："生产力发展到一定阶段，在现存关系下只能造成灾难，已经不是生产的力量，而是破坏的力量"①。恩格斯进一步说："没有哪一次巨大的历史灾难不是以历史的进步为补偿的"②。历史演进到今天，可持续发展思想的提出，在某种意义上讲，就是对近三个世纪来资本主义方式所造成的灾难的一种以历史进步为补偿的开始，一种变革资本主义制度的开始。

二、可持续发展的价值取向是符合绝大多数人类的根本利益

在发达的资本主义生产力的基础上，因为物质的极大丰富可使人摆脱了对物的依赖而获得真正的独立，人的社会性也将不再以资本支配权的形式出现，是以新的时空背景下的实践形式出现。

可持续发展的生产方式将有利于先进科学技术的发展，科学技术的持续发展将有助于符合绝大多数人利益的社会制度的建立。立足于当前，对此则可以从两方面来理解。第一，可持续发展有利于解决科学技术发展所带来的环境和社会问题。科学技术

① 马克思恩格斯：《德意志意识形态》，《马克思恩格斯选集》第1卷，人民出版社1995年版，第90页。

② 恩格斯：《恩格斯致尼·弗·丹尼尔逊》，《马克思恩格斯全集》第39卷，人民出版社1974年版，第149页。

带来生产力的飞速进步，也带来诸多社会环境问题，后者如果解决不好，前者就会受到阻碍。人受机器排挤的现象在前资本主义时代就初露端倪，今天随着西方全球化及科学技术的资本主义广泛利用而带来的结构性失业，已经成为愈演愈烈的普遍现象。第二，科技是反资本主义私有制的、是属于人民的。作为第一生产力的科学技术，改变着生产力的各个要素，如劳动力已从原来的体力型转变为“知识型”；劳动对象已从自然物转化为以人工合成材料和复合材料为主的非自然物。尤其是高科技已经成为生产力要素之和的幂，科技对生产力要素所起的作用，按几何级数量增值。财产上的私有制所造成的阻碍日益明显。技术在本质上不承认私有财产，知识在本质上要靠共享来成倍地增值。适合技术和知识进步的条件，只能通过符合绝大多数人利益的可持续发展的社会制度来提供。追求利润的资本、科学技术垄断和封锁、南北间的“数字鸿沟”，从根本上是与科学技术发展的人民方向相背的。

环境问题（危机）是继经济危机给资本主义提供调整的又一个机会。调整的方式无非就是从生产力与生产关系两方面着手，调整的结果却使得资本主义生产方式的协作性和计划性程度越来越高，生产的社会性越来越扩大，调整的手段采取的却是适时性的可持续发展。马克思恩格斯在《共产党宣言》里告诉我们：“这不过是资产阶级准备更全面更猛烈的危机的办法，不过是使危机的手段越来越少的办法”，[①] 不过是使调整的范围空间越来越小的办法。可持续发展的价值取向是符合绝大多数人的根本利益，但不是自动生成的，是要经过斗争，甚至牺牲而换来的。

可持续发展不是个地域性的发展，它只有在世界历史意义上

① 马克思恩格斯：《共产党宣言》，《马克思恩格斯选集》第1卷，人民出版社1995年版，第278页。

才能存在，就像“共产主义只有作为‘世界历史性的’存在才能实现一样”。世界历史进程本质上是人的全面发展和解放过程。在马克思看来，人类只有到了历史转变为世界历史的条件下，才有资格谈论自己的所谓解放和全面发展问题。在全球化日益深化、人类交往日益普遍、世界日益缩小的今天，可持续发展思想的提出正是人类社会发展的历史必然选择。我们必须清醒地认识到，人类社会的可持续发展是全人类的共同事业，具有空间上的全球性和时间上的无限性。同人类社会已经历的生存与发展阶段相比，可持续发展阶段是人类社会进化的一个新的历史时期，是一个漫长的人类社会演绎的最高阶段。

让我们拿起环境这个武器，来回敬西方政客的喧嚣，来淹没西方反动的鼓噪，来逆转西方全球化进程，来开拓第三世界人民及全世界人民可持续发展的前进道路。

第三世界真正解决自己的发展与环境问题，一要对外确立民族主义、国家独立，对内实现最大多数人的利益；二要立足于自己的国情、吸取资本主义的珍贵经验和成果而避免其发展所带来的痛苦和苦难，建立有自己特色的可持续发展新模式。无论人们怎样迷恋西方资本主义模式的文明和辉煌，它却因为把对人的压迫和对自然的野蛮掠夺结合在一起，而只能历史地产生、历史地存在和历史的消亡。可持续发展给环境问题与第三世界的发展带来了福音，给整个世界人民的解放带来了福音。

第七章　中国发展与环境问题

世界各国基于不同时代、不同经济政治和文化历史环境，发展的道路、战略、模式、方针和政策有着不同的内涵，因而也有不同的结果。作为一种社会历史现象的发展不仅推动了人类社会的进步，也给全人类留下了不可避免且又非常严重的环境问题。环境与发展已经成为今天中国和世界共同关注的重大而紧迫的理论问题和实践问题。社会主义中国，世界上最大的第三世界国家和环境大国，在环境与发展关系的处理上有得有失，经验与教训共存。总结经验，吸取教训，昭示他人与启迪后人，为全人类走上真正自觉自愿的可持续发展，是中国义不容辞的一份责任。

目前，制约我国可持续发展的突出矛盾主要是：经济快速增长与资源大量消耗、生态破坏之间的矛盾，经济发展水准的提高与社会发展相对滞后之间的矛盾，区域之间经济社会发展不平衡的矛盾，人口众多与资源相对短缺的矛盾，一些现行政策和法规与可持续发展战略之间的矛盾，环境保护的迫切性与人们环境意识不足之间的矛盾，等等。

提出和落实科学发展观；积极参与国际环境外交，进行国际社会可持续发展领域的合作，共同切实地维护好这个“地球村”；形成健全的可持续发展法律、法规体系；完善可持续发展的资讯共用和决策咨询服务体系；全面提高政府的环境科学决策和综合协调能力；大幅度提高社会公众参与可持续发展的能力，是我国应对上述矛盾的一系列对策。

在社会主义制度下，解决人口、资源和环境问题，协调经济、社会与生态环境的持续发展，以最终实现人与自然的和谐，是完全可能的。

第一节　环境问题的国内现状要求坚持科学发展观

面对一个贫富两极日益分化、道德水准不断下降、生态环境遭到严重破坏的地球，面对全球环境与发展何去何从的问题，人类从上个世纪60年代开始就孕育着并于80年代响亮地提出了"可持续发展"这一全球性口号。时至今日，贫富、道德和环境不见丝毫改善，反而每况愈下。正如邓小平同志所说："和平与发展两大问题，和平问题没有得到解决，发展问题更加严重"；南北问题就是发展问题，"南北之间的差距不是在缩小，而是在扩大，并且越来越大"；"应当把发展问题提到全人类的高度来认识，要从这个高度去观察问题和解决问题"。[①]

20世纪初，列宁领导的俄国革命和苏联社会主义建设的实践，为全人类首先是那些摆脱殖民统治、获得政治独立地位的经济落后国家的发展，开辟出新的历史方向。中国共产党在马列主义的指导下领导着中国人民，经过长期革命斗争，扫除发展的最大障碍，建立起社会主义制度。从20世纪中叶起，社会主义中国在战争的废墟上勃然兴起，依靠自己人民的力量，努力寻找适合自己的，实现经济发展、政治民主、文化繁荣、教育兴盛、社会公正、道德进步、生态良好的发展道路。期间，取得了极为丰富的、多方面的经验和举世瞩目的伟大成就，但是也经历着探索和奋斗的坎坷波折。

① 《邓小平文选》第三卷，人民出版社1993年版，第353页、第281页、第282页。

一、我国环境问题的现状及原因分析

我国的环境问题其实可以追溯到历史的深处，如楼兰文明的消失。不同的历史发展阶段有不同的环境问题。从近代到中华人民共和国建国，环境问题主要来自不停的内战和西方列强的入侵。新中国成立后的环境问题又是另外一番情景、另有一些原因。

建国以来，在建设工业化、尤其重工业的过程中，由于政府和有关管理部门没有充分意识到工业生产对环境产生的负面影响，环境保护并未进入政府的议事日程。在那时，工矿企业排放的废水、废气、废渣基本上是不受约束的，许多污染型企业都沿着江河湖海而建，把江河湖海当作下水道、排废场所。据估计，每年大体有1500万吨的废物排入江河湖海，造成了一定范围内的污染。在“大跃进”期间，修建了炼铁、炼钢炉60多万个，小炉窑59000个，小电站4000多个，小水泥厂9000多个。工业企业由1957年的17万个猛增到1959年的60多万个[①]，加上“三线”建设对环境的忽视，我国的自然生态环境从广度和深度上都遭受到严重的破坏和污染。这些设备简陋、技术和管理水平的相对较落后、基本上缺乏环保措施的工厂企业，以一种粗放型经济增长方式对自然资源进行过度的开发和利用，污染物排放量不断增加，埋下相当多地区尤其是城市的环境污染和生态破坏的隐患。

在“以粮为纲”政策指导下的农业生产过程中，为了解决人民的温饱问题，片面地追求耕地面积的扩大，不顾自然生态条件的差异而大搞单一的粮食生产，大面积地毁林开荒、毁草开荒和围湖造田。结果，1957年至1977年，我国新开垦的农业用地达

① 李周、孙若梅：《中国环境问题》，河南人民出版社2000年版，第3页。

2100万公顷，但是，我国至少有25%的森林消失了。例如，云南省，1950年森林覆盖率为50%，可到了1980年已下降到24.9%。四川省的森林资源也在50年代至70年代中下降了30%。森林面积的减少，带来了灾害的频繁与加剧，破坏了生态平衡，造成了水土流失和土壤侵蚀。

环境污染和生态破坏已经严重影响到经济社会的进一步发展，危及到人民群众的生产生活和身体健康。造成这种现象的原因是多方面的，归根结底，主要在于以下几个因素。第一，历史原因。全国解放前，不断的外敌入侵和连年的国内战乱，就已经使原本比较脆弱的资源与环境基础受到了前所未有的破坏。第二，严酷的国际环境。新生的社会主义中国从一诞生就遭到西方资本主义国家的包围，以美国为首的资本主义国家想把它扼杀在摇篮之中，战争随时可能爆发。在这个国际背景下，我国毅然决定优先发展重工业，并努力在极短的时间里建立起比较完整的工业体系。第三，急于解决国内的落后状况。在一穷二白基础上建设社会主义新中国，传承下来的生产力非常落后，只有不惜采取粗放型经济增长方式，依靠劳力的大量投入、资源的粗糙利用和环境的代价，来满足人民群众不断增长的物质和文化需要，来尽量摆脱西方国家的封锁，进而在国际舞台上站稳脚跟。第四，在经济文化比较落后的中国建设社会主义，缺乏建设经验，劳动者素质也比较低。我国经济建设受苏联的影响较大，所走的发展路子基本上也是以重工业优先。大家清楚，在资金、技术、管理都欠缺，劳动者整体素质较差、环保意识特弱的情况下要快速发展重工业，是不可能不对资源造成严重浪费、对生态环境造成严重破坏的。

改革开放的实行，为我国的环境问题既带来了福音，也引发了更广、更新、更棘手的环境问题。我国的资源和环境承受能力，已经成为经济社会持续发展的瓶颈。

许多人认为，中国地大物博，土地肥沃，资源丰富。但是，他们不知道，从人口数量、资源质量、资源分布等因素来考虑，中国则是一个名副其实的资源小国。我国人均占有土地只有世界人均的1/3，人均占有耕地面积只有世界人均的1/5，人均森林面积只有世界人均的15%，人均淡水资源仅为世界人均的1/4，人均占有草地面积仅0.33公顷，约为世界人均的1/2，人均年用电量只有700千瓦时，仅相当于美国的1/15[①]。也有人认为，等到我国的经济发展了，环境问题自然而然地会得到重视和解决。目前，首要的任务就是发展，发展经济是硬道理。可他们不知道，中国的国情不同于西方国家，我国绝对不能再走西方的“先发展后治理”的经济发展模式。何况我国环境问题的严重性已经明显地暴露出来了。

下面先来看看我国的资源现状。

第一，矿产资源。45种主要矿产资源人均占有量不到世界人均的一半，其中可以保证国民经济发展需求的只有29种。预测到2010年可以保证需求的只有23种；到2020年，保证需求的仅有6种。15种重要矿产资源可以保证经济建设的只有5种，难以保证和缺口较大的有10种；预测到2010年可以保证经济建设的下降到4种，难以保证和缺口较大的上升到11种。参见下表。

中国45种矿产资源2010年对经济建设保证程度预测

项目 保证程度	矿种数	矿产资源
可以保证	23	菱镁矿、钼、稀土、芒硝、钠盐、煤、钛、水泥原料、玻璃原料、石材、萤石、钨、锡、锌、重晶石、锑、滑石、高岭土、硅灰石、硅藻土、石墨、膨润土、石膏

① 肖显静：《生态政治——面对环境问题的国家抉择》，山西科学技术出版社2003年版，第189页、第190页。

续表

项目 保证程度	矿种数	矿 产 资 源
基本保证	7	铀、铝、铅、锶、耐火黏土、磷、石棉
不能保证	10	石油、天然气、铁、锰、铜、金、银、汞、硼、镍
资源短缺	5	铬、钴、铂、钾盐、金刚石

资料来源：《2002 中国资源报告》，成升魁等著，商务印书馆 2003 年 8 月第一版。

第二，能源。首先是煤资源渐渐地枯竭。据有关专家测算，中国国内能源缺口量：21 世纪初期超过 1 亿吨标准煤，2030 年约为 2.5 亿吨标准煤。还有专家测算，到 2020 年中国能源消费总量将达到每年近 60 亿吨标准煤，而常规能源的剩余可采总储量为 1500 亿吨标准煤，仅够使用 25 年。2003 年，就有 22 个省市区出现电紧张，少数地区持续拉闸限电，全国平均供电可靠率出现负增长，形成“电荒”。2003 年，全国总体上电力供应缺口超过 1000 万千瓦，2004 年缺口近达 3000 万千瓦左右。其次是石油产量已不能保证经济建设需要。2003 年，我国石油产量与消费量之间的缺口超过消费量的 1/3。到 2010 年，天然气也将难以保证经济建设需要。大庆、辽河、胜利等东部主力油田均进入到中晚期，后备资源严重不足。到 2010 年全国将消费石油 4.5 - 4.6 亿吨，而国内石油产量最高只能达到 2 亿吨，国内石油对需求的保证程度将不到 45%。原油保有的查明资源储量下降。据中国地质科学院的一项研究报告，油气资源的现有储量将不够 10 年消费，最终可采储量勉强可维持 30 年消费。尽管，随着科技的发展，会勘探出新的油气资源，比如，2007 年就在渤海湾滩海地区发现了一个储量规模达 10 亿吨的大油田——冀东南堡油田。但是，按照目前的经济增长速度，这种资源紧张状况不容乐观。

第三，土地资源。耕地面积不断减少，2003 年就净减 253 万公顷，现在全国净存的耕地面积为 18.27 亿亩，要实现“十一五”期间耕地保有量 18 亿亩，形势十分严峻。地力下降，全国耕地有机质平均含量从最初的 8% - 10% 降到 1% - 5%。全国水土流失面积为 367 万平方公里，占国土总面积的 38.23%。中国还是世界上沙漠化危害最严重的国家之一，沙漠化土地面积占国土总面积的 18.2%，达 174.3 万平方公里，其中人类导致的沙漠化面积达 37 万平方公里，每年有 3436 平方公里土地沙化，由此造成的直接经济损失每年高达 540 亿元。由于过度开垦、过度放牧、过度砍伐等引起的土壤沙化分别占沙化总面积的 25.4%、28.3% 和 31.8%。全国有 2.4 万个村庄、1400 公里铁路、3 万多公里公路、5 万多公里灌溉常年受到沙漠威胁。

第四，水资源。全国大部分城市特别是北方城市严重缺水。预计到 2010 年中国总需求水量在中等干旱年为 6988 亿立方米，供水总量 6670 亿立方米，缺口 318 亿立方米。目前，全国 600 多个城市中，存在供水不足问题的有 420 多个，严重缺水的城市有 110 多个。全国城市缺水总量 60 多亿立方米，如果不超采地下水，则缺水总量约为 105 亿立方米。沿海城市和地区人均水资源量大部分低于 500 立方米，严重缺水。全国每年因城市缺水造成的产值损失达 2000 亿至 3000 亿元。由于区域性经济的高速发展导致过量开采地下水，中国目前已经形成区域地下水降落漏斗 100 多个，面积达 15 万平方公里。其中在黄淮海平原范围内的漏斗区，河北、山东与河南境内就有 50 多处。漏斗区的面积小到几十平方公里，大到上千平方公里，深层地下水漏斗中心有的下降深度达 100 米，浅层地下水在有些地方几乎接近枯竭。结果造成大量的机井报废，农业大幅度减产。在有些地区，如山东莱州湾一带，由于地下水下降，使海水入侵，每年速度达到 200 米，严重污染地下水源，导致区域性水质恶化。“长三角地区地下水资源与地质灾害调查评价”报告显示，“地面沉降”已经造成长三角中心地区损失近3500亿元人民币。[①]

不仅如此，我国GDP的资源消耗情况也并不乐观。新中国成立50多年来，GDP大约增长了10多倍，而矿产资源的消耗增长了40多倍。改革开放以来中国经济平均增长速度9%左右，但增长成本高于世界平均水平25%以上。据世界银行综合自然资本、产出资本、人力资本和社会资本计算的人均财富，中国为6600美元，相当于世界平均水平的7.7%，位居192个国家的第161位。

2000年，按汇率计算，中国单位GDP的资源消耗，是日本的10倍、欧盟的6倍、美国的4倍、印度的1.5倍，是世界平均水平的3.4倍。所需要花费的能源、水和原材料的用量是世界平均水平的4—5倍。

2003年，中国11.67万亿GDP消费了16亿多吨煤、2.5亿多吨石油、2亿多吨钢材、8亿多吨水泥，除石油外，均大于GDP总量比中国多两倍的日本。2003年，中国GDP占世界的比重大约是4%，但是消耗占世界的比重：石油7.4%，原煤31%，钢铁27%，氧化铝25%，水泥40%。

接下来，看看我国的环境状况。

第一，土地污染严重，土地荒漠化扩大。目前，全国约20%的耕地受到不同程度的污染。中国每年产生工业固体废弃物7.8亿吨，生活垃圾超过10亿吨，到2002年为止，仅填埋这些废弃物和垃圾就占用农田13.3万公顷。除工业“三废”、生活垃圾和污水造成的污染，还有大量洋垃圾造成的污染。中国是世界最大的电子垃圾集散地，在广东省就有10万名捡破烂的人在进口垃圾场讨生活，仅广东贵屿镇每年就进出上百万吨电子垃圾。

① 新华网南京2005年1月3日电。

近距离感受广东“垃圾之城”贵屿，扑面而来的是“刺鼻的气味、滚滚的浓烟……”，除地表水和地下水不能饮用、空气污染严重外，“重金属、有害金属的大量填埋使土壤受到严重污染”。[①] 国家环保总局环境与经济政策研究中心吴玉萍指出：“2020 年前进口废旧物品将会随着经济快速发展而不断增加，我国未来依然将是废弃物进口大国。中国自己的电子废弃物高峰再有 10 年到 15 年就会出现。因为随着人口增加、消费水平增加，中国人也有能力淘汰电子产品了。届时，我们自己会形成高峰，如果国外再倾销一部分，给环境带来压力将会更大。”[②]

我国是世界上土地沙漠化最严重的国家之一。目前，我国荒漠化土地约占国土面积的 27.2%。虽然经过长期的努力，在治理上取得了一定成效，但从总体上看，形势依然十分严峻。据统计，1985 年至 1995 年，我国土地荒漠化面积平均每年扩大 2460 平方公里，相当于每年损失一个中等县的土地面积。到 20 世纪 90 年代后期，土地沙化的速度在进一步加快。2000 年春季，我国北方地区遭受了 13 次沙尘暴危害，甚至长江下游的一些地方也受到不同程度的影响。在进入 21 世纪的第一天，我国北方地区即受到沙尘暴的袭击，接着又发生了两次大的沙尘暴，大自然再次向我们敲响了警钟。[③] 据专家推算，我国每年因风沙危害的直接经济损失达 540 亿元。

第二，水污染严重。2003 年，全国废水排放总量 453 亿吨，80%的污水未经处理就直接排入江河湖海，主要水污染物化学需氧量超过环境容量的 62%。全国江河湖海普遍遭受污染，全国

① 《广东贵屿：为电子垃圾污染敲响警钟》，《人民日报》2004 年 5 月 17 日。

② 焦红艳：《“洋垃圾侵华”的三次浪潮》，《法制日报》，2007 年 1 月 28 日。

③ 曲格平：《土地荒漠化对生存环境构成严重威协——在 2001 年 2 月 26 日全国人大常委会上关于〈中华人民共和国防沙治沙法（草案）〉的说明》，中国环境生态网。

七大水系中近一半的河段污染严重，符合1类或2类水质标准的仅占32.2%，40%河流中的水资源退化为非资源；90%城市水域污染严重，70%城市河段不适宜作饮用水源，3.6亿农村人口饮用水不安全。垃圾填埋厂渗漏，城市地下水普遍受到不同程度的污染，其中受到较重污染的城市占64%。全国75%的湖泊出现了不同程度的污染和富营养化，50%的湖泊污染严重，比如安徽的巢湖、江苏的太湖和云南的滇池就是污染的重户和治理的老太难。地面沉降、湖泊萎缩、滩涂消失等生态失衡问题频繁出现。一项调研数据表明，长江面临六大危机：森林覆盖率严重下降，泥沙含量急剧增加，人与资源之争矛盾突出；枯水期不断提前，引发系列产业危机；水质严重恶化，危及城市饮用水；物种受到威胁，珍稀水生物日益灭绝；固体废物污染严重，污染湖泊，威胁水闸与电厂；湿地面积日益缩小，水的天然自洁能力日益丧失。①

第三，空气污染严重。全国600多个城市中，大气环境质量符合国家一级标准的城市不到1%，监测的340个城市中有27%属于空气严重污染。二氧化碳排放量2000年为7.6亿吨，超过全球化燃料二氧化碳排放量的1/10，成为仅次于美国的世界第二大排放国；2001年增加到8.32亿吨碳。2002年工业废气排放11亿标准立方米。污染环境的落后生产能力还占有相当比重。每吨钢二氧化碳平均排放量2430千克，国际先进水平是1800千克，粉尘排放量则是国际先进水平的10倍；水泥总量中立窑及其他落后工艺生产的仍占75%以上，低品级水泥约占总产量的85%；电解铝产量中仍有12%是落后自焙电解槽生产的；粗铅生产中采用严重污染环境的烧结锅、烧结盘的约占30%以上；鼓风炉炼铜、竖罐炼锌等落后生产工艺仍在一些地区新建或扩

① 《解放日报》2004年4月14日。

建，铅锌冶炼中低浓度二氧化硫的利用率与先进国家相比还存在差距，2002 年全国二氧化硫排放量为 1330 万吨，2003 年上升到 2220 万吨，居世界之首。二氧化硫排放量超过环境容量的 81%。二氧化硫和酸雨“两控区”包括 175 个地级以上省市和地区，面积 109 万平方公里，人口超过 5 亿，经济总量占全国的 67%，年均降水 PH 值低于 5.6 的区域面积已占全国面积的 30%左右。

改革开放后，我国的经济总量无疑得到了大幅度的提高，环境意识也明显增长。但是，环境问题远没有得到根本改善，在某种意义上讲，反而进一步恶化了。是什么原因造成的呢？环境问题与社会经济的发展阶段紧密相连。因此，大多数人认为，环境问题产生原因主要还是由于我国还处在社会主义初级阶段。

具体说来，第一，初级阶段的社会性质使一部分人产生了一种错觉，认为牺牲生态环境的发展是可以容忍的，认为改革开放、经济发展付出这样的代价在所难免，是发展的阵痛。

第二，对 GDP 的神化，造成了各方面的资源环境问题。比如说，对 GDP 的过分崇拜，把 GDP 的追求视为利益至上，把 GDP 作为考核政府官员的主要政绩指标，等等，都会导致经济的粗放经营、重复建设、形象工程、项目盲目上马、“圈地运动”等问题，而这些正是造成环境问题的主要因素。

第三，农村小型企业的污染已占据“半壁江山”，而且还在呈扩大趋势。耗能多、污染重的工业迁移到农村，这些企业一般采用落后的生产工艺和设备，使农村的环境污染日益严重。农村的各种基础设施较差，污染后难以得到治理，治理成本比城市大得多。20 世纪 90 年代末的几年，农村小型企业每年向大气中排放二氧化硫 441.1 万吨，烟尘 849.5 万吨，工业粉尘 1325.3 万吨，分别占全国工业企业总排放量的 23.9%、50.3%、67.5%，而且这些数据仍然在继续增长，特别是这些企业中的水泥、砖瓦、陶瓷等非金属矿物制品企业排放的有毒有害气体占了乡镇企业总排放量的50%以上，工业粉尘更是达到了76.8%。[①] 这些企业对水的污染更为严重，仅1995年就排出工业废水59亿吨，占当年全国工业废水的21%，而且数字还在往上爬升。这些企业还每年生产近4亿吨固体废物和其他污染源，排放量达2亿吨，占全国工业固体废物与其他污染物总量的88.7%。[②]

还有外资企业、合资企业、个体经营的企业。最早进入中国的外资企业、合资企业多是些资源消耗型、污染严重型的企业。这些外资企业在产业结构调整中，针对我国的环境准入门槛较低、环境标准普遍低于发达国家、少数地方的“引资饥渴症”，故意将污染项目和产品转移到中国市场。2004年以来，有33家在华知名跨国公司因违法违规排污被各地环保部门曝光，其中包括5家还是2006年“世界500强”企业。[③] 个体经营的企业由于资金有限、技术落后、管理水平差、环境保护意识弱等等原因，可以说大部分的利润就是来自对资源粗放消耗、对生态环境的破坏。

第四，我国越来越成为国际垂直分工中的“世界工厂”。国际生产和价值上的垂直分工，导致西方国家凭借雄厚的资本和技术实力，掌控核心技术和品牌营销，从事高技术、高附加值的产业和生产环节，而把低技术的、低附加值的加工制造业和生产环节、把污染大、耗费资源多的工厂转移到中国。国际垄断资本把“世界工厂”作为吸盘，最大限度地吸附我国的自然资源，破坏我国的生态环境。这还不够，西方一方面把世界的资源输回本土进行战略储备，另一方面耗损中国有限的资源，在中国制造，然

---

① 肖显静：《生态政治——面对环境问题的国家抉择》，山西科学技术出版社2003年版，第196页。

② 肖显静：《生态政治——面对环境问题的国家抉择》，山西科学技术出版社2003年版，第196页。

③ 《跨国公司在华“造污”问题严重》，《中国信息报》，2006年10月30日。

后再把成品输回西方消费，或者干脆就地占领市场。这就像蚂蟥的两个吸盘，大进大出，两头在外。对中国的“世界工厂”地位，美国摩根士丹利投资银行首席经济学家史蒂芬·罗奇讲了句大实话：中国是西方国家的加工厂和一条装配线，是全球供应链上的一个最重要的中间环节。[①] 博鳌论坛秘书长龙永图也一语道破其中奥秘：“现在大家都说中国是世界的工厂，实际上中国只是世界的一个车间。”[②] 而我想说的是，“世界工厂”的中国实际上是西方国家的资源供应地、环境污染和生态破坏的集成地、商品销售地。

第五，社会主义制度与市场经济的结合还没有达到一种自觉、和谐的程度。社会主义追求的是计划调控和公平、公正，而市场经济奉行的是市场调节和利润至上。如果两者能达到完美的结合，相信我国的环境问题和社会问题一定能够得到圆满解决。可是，目前这种创新还处在完善之中，各种规章制度、法律法规以及人民的思想意识也都还处在调整过程，环境问题、分配差距扩大等问题难免会出现。在向市场经济过渡过程中，适应市场经济的环保发展机制尚未建立。多数的环境建设，仍由政府承担建设费用，政府直接参与运作，缺乏投入产出机制，因此经济杠杆难起调控作用。

第六，改革开放带来的西方式的消费主义，给我国的资源和环境造成很大的压力。人们把欲望的无止境满足、对财富的无止境占有和物质生活奢侈的追求作为了人生的目的，让以利润不断增长为核心的消费主义潮流淹没了健康高尚的精神追求之风。这种消费主义，就是通过掠夺、消耗和浪费更多的资源、污染更多的环境以及更大程度上破坏生态平衡来实现的。

---

① 《人民日报》2004年4月23日报道。

② 《海南日报》2004年4月23日甘志远文章。

二、科学发展观——可持续发展思想的当代中国创新

我国面临的环境形势是，环境污染与生态破坏并存，历史欠账与新增问题并存，国内环境问题与全球环境问题并存，环境问题局部有所控制与总体还在恶化并存。因此，前景令人堪忧。为了保护环境，我们已经采取了大量措施，并取得了明显成效。但由于资金短缺、技术落后、历史欠账等因素，我国的环境与发展事业受到了严重的制约。

自改革开放以来，我国的经济增长迅速。在只占世界7%面积的可耕土地上，要养活占世界22%左右的人口，而且年GDP的增长率均达9%左右，充分显示出了我国在处理自然环境同人类发展的矛盾上的英明与科学，显示出了中国共产党及中国人民的创新精神。

就在环境与发展问题成为全球关注的重大问题的时候，就在“可持续发展”成为全球的共识却并没有收到多大效果的时候，“科学发展”及时地被纳入21世纪马克思主义者的视野。作为一个社会主义国家的执政党，中国共产党人有责任也有资格，对环境与发展问题，对当前流行的“可持续发展”问题作出自己的回答与创新。于是，党的十六届三中全会提出了“以人为本，全面、协调、可持续”的科学发展观。这是中国人民在世界人民对环境与发展问题探索的经验上作出的历史性创新。我们党的科学发展观在理论上有三个突出特点：一是在发展中始终坚持维护人民群众的根本利益，这成为全面、协调、可持续发展的基石。为此，胡锦涛同志在中央人口资源环境工作座谈会上，对科学发展观中的“以人为本”进行了具有指导意义的阐述：“就是要以实现人的全面发展为目标，从人民群众的根本利益出发谋发展、促发展，不断满足人民群众日益增长的物质文化需要，切实保障人民群众的经济、政治和文化权益，让发展的成果惠及全体人民。”

这就明确告诉我们，以人为本，就是以全体人民为本。二是始终把生态环境的保护作为发展过程中的轴心。三是把发展看作是一种洋溢着历史辩证法活力的社会进步过程。概而言之，社会发展的一切方面——经济、政治和文化的发展，生产力和生产关系的发展，经济基础和上层建筑的发展，城乡发展、区域发展、经济社会发展、人与自然发展、国内发展和对外开放，经济发展和人口、资源、环境，生产发展和生活富裕，当前的发展和一代接一代的永续发展等等，都不可替代而又相互协调地存在于发展这个总体过程中。环境与发展问题不是彼此孤立地、分散地存在着，而是在相互联系和协调中提出并寻求解决。

环境，“环人之境也”。人应该是社会发展之本。在人与社会发展问题上，马克思主义作出了划时代的贡献：人就是人的世界，就是国家、社会，人的本质不是单个人所固有的抽象物，在其现实性上，它是一切社会关系的总和；自原始公社解体后，人归属于不同的阶级、阶层和政治集团，至今一切社会的历史都是阶级斗争的历史；过去的一切运动都是少数人的或者为少数人谋利益的运动，无产阶级的运动是绝大多数人的、为绝大多数人谋利益的自觉的、独立的运动；代替存在阶级和阶级对立的资产阶级社会的，将是每个人的自由发展是一切人的自由发展的条件的联合体；社会发展史首先是生产的发展史，最活跃、最强大的生产力就是工人和其他劳动者；人民，只有人民，才是创造世界历史的动力。在人与自然环境的关系问题上，恩格斯说，人靠自然界生活，自然界就是人的无机的身体。人类的劳动与自然生态环境的结合，是不以一切社会形式为转移的人类生存条件，是“人类生活得以实现的永恒的自然必然性。”①

科学发展观的贯彻落实能给我国社会发展创造越来越好的环

① 马克思：《资本论》第一卷，人民出版社 2004 年第 2 版，第 56 页。

境支持。这种环境支持型的可持续发展观，就是属于马克思主义发展观。它强调的是社会、自然环境与经济之间的相互优化、相互促进。科学发展观是社会主义制度与市场经济相结合的一种时代产物，是中国共产党、中国人民对马克思主义发展观的丰富与完善。

发展经济、消除贫困，是实现科学发展观的基本前提。经济的可持续发展，是环境保护和社会全面进步的物质基础。不解决生存问题，就谈不上发展，更谈不上可持续发展。促进经济发展，努力消除贫困，是中国及其他第三世界国家走向真正可持续发展的必由之路。

合理利用资源、保护环境，是实现科学发展观的必然要求。以浪费资源和牺牲环境为代价，发展就不可能持续进行。自然资源并非取之不尽、用之不竭，而人类社会发展的需求却不断增长。如果这两方面的关系处理不当，必然导致生态环境的恶化，严重威胁人类的生存和发展。只有走以最有效利用资源和保护环境为基础的循环经济之路，可持续发展才能得到实现。

第二节　环境问题的全球性恶化要求我国在国际上积极展开环境外交

环境问题是人类在 21 世纪遇到的一大危险与困境。环境问题的全球性关注从 1972 年的斯德哥尔摩人类环境会议开始，可时至今日，全球环境问题非但没有得到改善，反而更加恶化，环境与自然灾难不时地降落着人类头上。地球是一个完整的生态系统，任何一个国家、一个地区的环境问题，都会对整个生态环境系统产生或多或少、或大或小的影响。环境问题已经强烈地影响到每一个国家的安全和社会的发展。从这个意义上讲，环境是没有国界的，只要共同生活在一个地球上，都会受到程度不同的环境影响。环境问题从国内问题、区域性问题逐渐演化发展成全球性问题，是不以人的主观意志为转移的客观事实。历史发展到今天，联合国经常讨论的诸多问题，都直接或间接地与环境保护相联系。

必须进行国际合作解决环境问题，才能取得共同的经济和社会的持续发展。环境问题的国际合作已成为促进各国交往的活跃连结点。环境外交成了人类未来的一个支撑点，一个有力的工具和手段。它是试图通过外交手段达到解决环境问题的一种形式。环境外交的基础是主权国家之间、国家集团之间，在人口、资源、环境、发展等方面的相互关系。在某种程度上讲，环境外交是实现世界和平与发展的一种重要的外交手段。

但是，环境外交充满着斗争。环境问题不断地在全球范围内的恶化，以及环境问题解决的不断国际化，本能地推动着环境外交向更高的境界发展。可是，由于国际旧秩序的影响，带来了不少严重的负面问题。某些发达资本主义国家以环境问题的全球化和国际化及关系到自身的安全为由，干涉别国内政，迫使第三世界国家采取和制定符合他们利益的政策，甚至利用这种趋势，将西方国家的政治和经济制度以及价值观强加于第三世界国家。有些西方国家以环境保护为由对第三世界国家的产业和产品提出不切实际的标准，设置新的非关税壁垒，实行新的贸易保护主义。这就涉及到环境问题的政治化。按照西方的口味把环境问题政治化，根本无益于环境问题的解决，反而会使其更加复杂化和恶化。因此，不同肤色的第三世界国家，亟须在外交舞台上以多种语言喊出同一个声音：保护环境，促进发展，共创国际新秩序。

第三世界国家环境外交的“合力”，为建立国际政治经济新秩序注入了新鲜的生命力和战斗力。

一、我国环境外交的历程简述

我国是第三世界大国，也是一个环境大国。我国政府历来高度重视环境外交，历届领导人频频出席各种有关环境保护的国际性会议，积极展开环境外交。

我国的环境外交可以说始自 1972 年派团出席在斯德哥尔摩召开的联合国人类环境会议。大体可以把我国的环境外交历程划分为四个阶段：

第一，开辟阶段（1972 - 1978 年）。1972 年在瑞典斯德哥尔摩举行的联合国人类环境会议，是国际环境外交的第一个里程碑。中国在这次大会上向全世界公开宣布了中国对环境问题和环境保护的基本立场、观点、原则、方针和主张，显示了中国在国际环境保护中的地位、作用、力量和影响。本次大会也成为中国环境外交发展史上的里程碑。当时政治格局下的环境外交无疑显示出合作与斗争相互交织的特点。这一阶段，我国在合作中取得了不少成就，在斗争中学到了不少策略思想和积累了诸多斗争经验，同时也认识到自己的严重不足。

第二，纵深发展阶段（1979 - 1992 年）。改革开放所取得的经济成就，为中国环境外交的开展，提供了沃土和越来越坚实的现实基础，使中国环境外交充满了活力。同时需要看到，改革开放既增强了综合国力，也加重了环境问题。综合国力的增强促进了我国环保事业的发展和环境外交能力的提高；环境问题的加重促进了我国对政治经济体制的深化改革和环境资源管理和利用制度的科学化。就这样，环境外交与改革开放相互影响、相互作用，两者相辅相成，使中国环境外交随着改革开放的不断深入而不断发展。这一阶段，我国环境外交活动的次数明显增多，其中最重要且最具历史意义的，是 1991 年 6 月在北京举行了发展中国家环境与发展部长级会议。会议深入讨论了国际社会在确立环境保护与经济发展合作准则方面所面临的挑战，特别是对发展中国家的影响。在这次会议上，我国再次重申了以下观点：全球环境和发展问题，是世界各国共同关心的焦点，在解决全球环境与发展问题上，广大发展中国家可以互相借鉴，加强合作，为谋求全人类协调一致的行动，发挥重要的影响和积极的作用；要解决这个问题，需要改变不合理的经济政治秩序，消除贫困促进发展，加强国际合作。会议表达了我们将与世界各国和地区共同开展广泛的环境合作与交流，为全球环境事业不遗余力地做出应有贡献的真诚愿望。这是中国环境外交取得的又一个重要成就，是中国环境外交发展的又一里程碑。

第三，渐趋成熟阶段（1992－2002年）。1992年是国际环保取得成就的一年。标志是6月份在巴西里约热内卢召开的联合国环境与发展大会。这是国际环境外交的第二个里程碑。100多个国家的元首和政府首脑出席了会议。会议确定了全球可持续发展战略，把环境外交推上一个新台阶。会议通过了五个国际文件，即《关于环境与发展的里约宣言》、《关于森林问题的原则声明》、《联合国气候变化框架公约》、《生物多样性公约》和《21世纪议程》。其中《21世纪议程》为世界各国采取相应的环境行动，提供了原则性、方向性的指导，属于一个未来国际环境合作的框架性文件。这次会议突现了中国的作用，彰显了中国的第三世界立场，进一步强化、巩固和发展了中国同"77国集团"的合作，创造了"77国集团＋中国"的新模式。这种合作新模式，对加强第三世界国家内部的协商和团结，维护第三世界国家的利益，促进南北对话和南南合作，发挥了积极作用，同时也为中国环境外交，提供了一个充分展示自己和维护国家权益的国际舞台。为了落实环发大会精神，我国于1994年拟订并通过了《中国21世纪议程》，作为指导我国环境保护和经济发展的行动纲领，使环境与发展两方面在将来的社会发展中相互和谐。

第四，开拓新境界阶段（2002 年至今）。2002 年 8 月在南非约翰内斯堡召开的世界可持续发展高峰会议，是 1992 年里约环发大会的继续，是对 10 年来全球环境与发展作一次盘点。由于发达资本主义国家在其中作梗，全球环境并没有得到期望中的改变，而是进一步恶化了，全球经济社会发展的不可持续性指标不是在减少，而是在增多。也由于发达资本主义国家欠缺“政治意愿”，这次峰会给世人的感觉是无比的失望。世界领导人在《约翰内斯堡可持续发展宣言》中承诺“要打击恐怖主义、集团犯罪和腐败”，建设“一个以人为本、平等关爱、尊重所有人尊严的全球化社会”。宣言说，“人类社会巨大的贫富差距，发达世界与发展中世界不断改进扩大的鸿沟，都在威胁着全球的繁荣、安全和稳定”，“全球环境继续恶化。生物多样性在不断丧失，鱼类资源不断减少，荒漠化在吞噬越来越多的良田，气候变化的不利影响已显而易见，自然灾害日趋频繁，其危害日趋严重，发展中国家越来越脆弱，空气污染、水污染和海洋污染继续夺去数百万的无辜生命”。国际舆论已经指出，由于发达资本主义国家“政治意愿”上的不作为，宣言成了空洞的决议，宣言内容罗列的多是现象，没有多少实际行动计划，有些过于软弱或是只利于西方发达国家。针对这种情况，一个叫做“国际大地之友社”组织的领导人里卡多·纳瓦罗说：“我们再不能举办这么可耻的峰会了”，“我们感到愤怒和失望，因为各国领袖都被世界贸易组织和大企业收买了。他们根本不管穷人的死活。”[①] 通过这次峰会和会后情况，我国对世界环境外交领域有了一个更加清楚的认识，意识到了在新世纪里推动建立国际新秩序的艰难和困苦，更加明白了只有和广大第三世界国家站在一块，用一个声音说话，才能在复杂、漫长的解决全球环境问题的过程中发挥中流砥柱的作用。这

① 美联社纽约 2002 年 9 月 4 日电。

次峰会对我国来讲，也是一种机遇，一种在充满挑战的21世纪开拓新的国际环境外交境界的机遇。

二、我国环境外交的原则、立场与影响

中国国际外交舞台上始终把发展同第三世界的关系，作为对外政策的基石。在环境外交领域同样如此。

环境问题涉及到国家和地区的安全。美国环境专家莱斯特·布朗在发表于1977年的《重新定义国家安全》的报告中，将环境问题纳入了国家安全概念。[1] 自此以后，环境问题就不断被西方发达国家完全整合进了他们的外交政策，甚至进入了情报部门的议程。1993年，美国中央情报局专门设立了一个环境特别工作组（Environmental Task Force)，来搜集和监测全球环境信息，服务于自己的当前和未来利益。[2] 西方发达国家通过参与国际环境机制，维护自己环境安全，仅仅追求自己暂时的利益而阻碍国际环境安全的实现，把环境问题尽可能地转移到第三世界国家去。这种做法迟早会让他们付出代价的，而且从长远来看，付出的代价会更大，并最终会危及他们自身的安全。

环境外交是一种利益调整和推动社会可持续发展的可靠工具。发展主要是生产力和生产关系的发展，而生产关系的发展实际上就是利益的占有、分配和调整。由于利益存在着时空上的层次性，所以，在环境外交活动中，我们不仅强调民族利益和国家利益，还强调别国的环境权益和子孙后代的权益。

因此，基于发达国家和发展中国家在环境问题上的矛盾和斗争，围绕环境与发展的斗争将会更加复杂，更加激烈。中国的社会主义制度和第三世界国家的身份，使我国在国际环境外交舞台

① Lester R . Brown, "Redefining National Security," Worldwatch Pater, No. 14, 1997.

② 薄燕：《环境问题与美国国家安全战略》，《美国研究》2002年第2期。

的文化、意识形态乃至政治经济体制，进而影响到国际经济政治格局。

环境外交对国内建设带来了积极作用。通过科技、金融、贸易交流，促进了国内环境保护事业的发展。维护我国合法权益的行为，促进了我国环境与经济的协调发展。促进国际经济合作，为国民经济持续、快速、健康发展提供了良好的服务。

中国作为最大的发展中国家和环境大国，在努力解决本国环境问题的同时，主动适应世界发展趋势，积极开展环境外交和国际环境合作，扩大了我国的国际影响，使我国在国际环发领域发挥了建设性作用，为全球环境保护事业做出了应有贡献，树立了良好的国际形象。

第一，我国参与创立的“77 国集团 + 中国”模式改变了已往发展中国家涣散和软弱的局面，使广大发展中国家在环境问题上形成为立场基本一致的力量，使发展中国家重新崭露头角。“77 国集团”主席、巴基斯坦常驻联合国代表马克大使，称赞中国增强了发展中国家的声音和力量。连一些西欧、北欧国家的代表也认为，中国在整个环发大会上发挥了建设性的作用。

第二，使发达国家认识到了中国具有不可忽视的地位和作用。解决全球环境问题需要所有国家共同努力，中国的环境问题是全球环境问题的一大部分，中国环境搞好了，就是对全球环境保护的杰出贡献。同时还可为其他发展中国家提供环保资金、环境技术和政策支持。联合国环境规划署执行主任多德斯韦尔女士于 1997 年 12 月在日本京都与各国部长及官员高级委员会主席团会议上交谈时说：“中国在国际环境论坛上的作用日益重要。若没有中国的参与，解决任何全球性环境问题是不可能的。”[①] 美国报纸有文章也承认，面对着经济发展与环境保护之间的瓶颈，

① 王之佳编著：《中国环境外交》，中国环境科学出版社 1999 年版，自序。

在科学发展观的指导下，中国将在21世纪中演义着有中国特色的发展故事，且这个“中国故事将主导本世纪50年”。[①]

随着全球环境问题的不断突出，国家之间在解决环境问题中谋求合作的趋势的不断加强，我国环境外交的影响必定会随之扩大。

第三节 环境问题的解决任重道远

环境问题本身的固有的特性，决定了解决环境问题的长期性、艰巨性和复杂性。在这个大背景下，每个国家和地区必须在既定国际格局中先做好自己的事情，把自己国土上的环境问题解决好。由于解决环境问题十分艰巨，因此，要求我国不断完善经济体制、环境法律与政策，不断提高科技创新能力与劳动者素质。

一、社会主义市场经济的完善与中国环境问题

我国实行社会主义市场经济。社会主义制度与市场经济的结合，要求市场经济必须服从于、服务于、适应于社会主义的基本制度。“市场经济不等于资本主义，社会主义也有市场”，“市场和计划都是经济手段”。[②] 这就是说，社会主义制度可以用市场经济手段来发展经济，协调经济发展与环境保护之间的矛盾，并藉以参与国际经济与环境合作来适应全球化进程。

马克思说，“资本一方面要力求摧毁交往即交换的一切地方

① 戴维·弗朗西斯：《要避免经济亮起红灯，中国需要走绿色发展之路》，美国《基督教科学箴言报》2004年4月29日。

② 《邓小平文选》第三卷，人民出版社1993年版，第373页。

限制，夺得整个地球作为它的市场，另一方面，它又力求用时间去消灭空间，就是说，把商品从一个地方转移到另一个地方所花费的时间缩减到最低限度。资本越发展，从而资本借以流通的市场、构成资本空间流通道路的市场越扩大，资本同时也就越是力求在空间上更加扩大市场，力求用时间去更多地消灭空间”，[①] 资本主义全球发展的目的是要资本“夺得整个地球作为它的市场”。“资本不可遏止地追求的普遍性，在资本本身的性质上遇到了界限，这些界限在资本发展到一定阶段时，会使人们认识到资本本身就是这种趋势的最大限制，因而驱使人们利用资本本身来消灭资本”。[②] 借助市场经济来利用资本本身消灭资本，也许就是落后国家成功建设社会主义的必由之路。

使市场经济服从于社会主义的需要，以社会主义社会生产力的发展逐步克服贫富分化和规范市场行为，用经济发展的方法来解决发展中的环境问题，将是社会主义市场经济的生命力所在。“以人为本，全面、协调、可持续”的科学发展观强调的，就是社会主义市场经济要以满足广大人民群众日益增长的物质和文化需要，实现全体社会成员的共同富裕，保障人的全面发展为根本宗旨和目的，强调社会主义市场经济能坚持经济社会与自然生态协调发展。

市场和市场机制是人类文明发展的成果，并不是为资本主义所专有。但是，由于市场不可避免地会出现弱肉强食，自发地导致财富分配不公，使有限的资源和环境遭到浪费和破坏等一系列负面效应，把市场经济锁定在社会主义制度框架内，才能使这些

---

① 马克思：《经济学手稿》（1857－1858 年），《马克思恩格斯全集》第 46 卷（下），人民出版社 1980 年版，第 33 页。

② 马克思：《经济学手稿》（1857－1858 年），《马克思恩格斯全集》第 46 卷（上），人民出版社 1979 年版，第 393—394 页。

在资本主义制度下不可避免的东西得到避免。1997年3月7日，美国环保局局长布朗·诺女士在北京有一个讲座，题为《在市场经济条件下怎样做好环境保护工作》。她谈到，美国从1970年到1997年的27年时间，空气中的6种污染物总体下降了39%，平均每年降低1.4%，认为取得了了不起的成就。可她哪里知道，中国在1997年一年的时间中，4项污染平均下降了14%，是美国27年总下降量的10倍。① 这就充分显示了市场经济在社会主义制度下的威力和生命力。

市场经济的资本主义实践证实了两个真理：第一，资本主义的市场扩张导致了连绵不断的世界大战和侵略战争，疯狂的扩军备战和武器贩卖，严重的资源浪费、环境污染和生态破坏，说明了资本主义市场经济是不能够使资本主义制度持续发展的。第二，人类要解决环境问题，实现可持续发展，仅仅依靠那只“看不见的手”是不够的，还必须有一种与可持续发展目标协调一致的社会制度，有能为广大人民谋利益的政府来实施宏观调控。完全的自由主义市场经济，完全听任“看不见的手”主宰一切的经济体制，在现实社会中是不存在的。现实资本主义市场经济也讲市场失灵和政府调控的问题，对那些社会公益性很强的领域，如生态环境等外部性问题，也强调要由各国政府和国际协议来调控。问题在于，资本主义政府采取维护少数人利益的政策，不可能弥补“看不见的手”的缺陷，纠正市场失灵，实现可持续发展。只有社会主义政府，才能随时随地地运用宏观调控和有效配置资源的市场手段，来很好地调节发展与环境之间的矛盾，实现真正的可持续发展。

以社会主义市场经济为取向的改革开放为实现可持续发展创造了必要的体制条件。实际上，改革开放本身也有个“可持续发

---

① 张念群：《为了21世纪中国的可持续发展》，《经济日报》2000年1月12日。

展”的问题。由于发达资本主义主导着当今的经济全球化，由于国际市场由国际垄断资本所控制，由于全球市场的游戏规则由西方七国集团主宰的国际组织所制定，实行的是一整套资本主义市场经济规则，所以，我国必须采取“外圆内方”的方针，在国际上尽量适应资本主义市场经济规则，在国内却必须遵循社会主义市场经济规则。只有这样，我国才能充分利用好国际国内的“两个市场”和“两种资源”，迅速发展经济，在发展中解决环境问题，以优美的环境基础来促进发展，建设社会、经济与自然和谐的美好社会。

坚持和完善社会主义市场经济体制，发挥市场在资源配置中的基础作用，必须坚持社会主义生产目的。社会主义市场经济是具有两重性的商品经济；既是使用价值经济，又是价值经济。这就决定了社会主义生产目的具有两个方面：一方面是创造适合社会需要的使用价值，保证最大限度地满足整个社会经济增长的物质和文化的需要，保证全体人民整体的、长远的、根本的利益，这是使用价值经济的性质决定的。另一方面是保值增殖，追求利润，这是价值经济的性质决定的。前一方面是主导，规定并通过后一方面而实现；后一方面是从属，附着并实现前一方面。如果违背社会主义生产目的，把两个方面割裂开来，对立起来，甚至抛弃主导的方面，金钱至上，不择手段，就必然打乱两大部类、三大产业的比例关系，破坏城乡、区域、经济社会、人与自然、国内发展和对外开放之间的综合平衡，使发展不可持续。

二、环境法律和政策的完善与中国环境问题

现代意义上的中国环境保护，发端于20世纪70年代初期。它与发达国家有着质的不同。中国是受到世界环境保护活动的影响，由政府首先觉醒、由政府号召和组织开始的。这使得中国的环境保护从一开始就是一种政府主导型的公益性事业。社会主义

市场经济体制还处在不断完善过程之中。按照科学发展观的要求，环保工作需要有一定的法律、政策和制度来加以保证。环境保护立法和环境保护政策制定，在国际国内成为一个趋势。我国除了要不断地促成国际环保条约、协议的签署，促进国内环境法律和环境政策的制定和完善，还要促使它们不断创新，以适应日益变化的国际国内形势。

自1972年以来，我国一直在积极进行关于环境保护的法律、政策问题的探索和研究。我们的探索和研究尚不够全面、深入和体系化，在具体工作中某些方面表现出一些急功近利的短期应急性。在环境问题上进一步落实科学发展观，以实现经济利益与环境利益的协调、平衡发展为目标，制定和完善环境保护法律和政策体系，成了亟待解决的重要问题。

目前，我国的环境法律与政策有着强烈的行政主导性。环境法律、环境政策还没有完全适应社会主义市场经济体制的要求。鉴于此，我国环境政策应尽快转向行政强制实施与经济刺激相结合、政府指导与公众参与相结合的轨道。行政强制的主导性地位不能改变，经济刺激、政府指导和公众参与必须要以它为基础，在它的刚性基础上进行灵活调节。行政强制可以确定污染的最低底限，如排污标准，可以规定企业的可容许排污的最大限度，规定环境质量的污染底线。

我国在环境立法和政策制定上，过去主要实行个源控制和个体责任的“点源控制”和“谁污染，谁治理”的指导原则，以生产环节控制和“排放控制”为基本要求和内容，功能比较单调，适用范围比较窄，不能全面有效控制污染和生态破坏。因此，首先要完善环境立法和政策制定的指导原则。需要从目前的以“末端控制”为主导的状况，改变为以对建设项目的控制、生产环节的控制和污染物处理、处置的“排放控制”为主要内容的指导思想和战略思路，坚持“源头控制”、预防为主、事先抑制和“全程控制”。

我国的环境立法和政策之间，还存在着相互分割甚至相互抵触的情形，配套性能较差，特别是污染防治与资源保护的法律法规及政策之间相互割裂，各成体系，削弱了环境法律和政策的综合效率和效力。因此，在法律上。首先要重新界定政府、企业和社会公众这三大市场主体在环境保护方面的责、权、利。其次是要确立如何以环境质量为根本，利用市场机制对环境资源进行合理调配，违反了要处以何种处罚的条款。再次是要形成对环境资源利用所产生的各种既有和预期利益进行协调的长效机制。环境政策要体现环境保护责任社会化、环境保护公共费用的公平负担和环境保护责任实现形式与途径的多样化。只有这样，才能改变“末端控制”、事后救济式的被动性，全面确立和完善社会主义市场经济体制下维持和增进环境质量的政策体系，从根本上体现科学发展观的要求。

为了树立和落实全面、协调、可持续的发展观，“在推进发展中充分考虑资源和环境的承受力，统筹考虑当前发展和未来发展的需要，既积极实现当前发展的目标，又为未来的发展创造有利条件，积极发展循环经济，实现自然生态系统和社会经济系统的良性循环，为子孙后代留下充足的发展条件和发展空间。”①我们务必要做到以下几点：

第一，环境保护法制化。环境保护不能仅凭善良的愿望，它必须借助国家强制力保证实施，即依靠法律武器，控制、治理污染企业。由于环境的外部性特点，使得环境治理过程对政策依赖性很大。需要研究、制定一些新的环境法律法规，加快修改完善现有的法律法规，提高实施可持续发展战略的法制化水准，逐步形成具有中国特色社会主义的人口资源环境的法律体系和工作管

---

① 《人民日报》2004年4月5日。

理制度体系。同时，还要制定并实施严格的环境标准，使政策目标落到实处，有力地推动环保市场的形成。最重要的是要确保环保政策与相应法律依据的配套，而且这些法律本身就要明确、细化到可操作的程度。

第二，加强执法队伍建设，加大执法力度，严格执行已经颁布的有关法律法规，加大对人口资源环境犯罪案件的查处力度。要充分发挥各级人大、新闻单位、社会中介组织的监督作用，切实保障各级政府和执法部门依法行使管理职能；深入贯彻实施《行政许可法》，规范行政权力，严格行政责任，全面推进行政管理部门依法行政；加强人口资源环境有关法律法规知识的宣传、普及和教育，提高社会大众的可持续发展法律意识和法制观念。

第三，当前，我国对项目的环保评估、对地方领导政绩的考核，实行的主要还是上级对下级的 GDP 考核机制。这种机制导致从程序上到内容上，都不能充分尊重人民群众的意愿和利益，只对上级负责或对自己负责。如果这种自上而下的 GDP 政绩考核制度不转换，环境污染和生态破坏就难以从所谓政绩下解脱出来。要真正地、最大限度地解决环境问题，必须要在全社会形成一个信息互通，公平获取的机制，实行自下而上的政绩考核制度，把政绩考核的主要权利交给社会和人民大众，而不是某些领导者个人或部门。这样，就有助于使各级政府主要领导关心和重视人口、资源和环境的可持续发展，使各级政府将可持续发展工作纳入各自相关的发展战略、规划之中，并且贯穿到政府工作实施的全过程，有助于逐步形成将领导干部实施可持续发展战略的评估结果和最后验收结果，作为政绩考核和评估其工作实绩的主要依据的长效机制。

第四，环境补偿制度化。必须建立切实可行的生态环境补偿制度，确定科学的补偿标准，采取积极的财政转移支付政策，把补偿金下发到被补偿人手中。鉴于财政转移支付经常出现的不到位或被挪用，需要制定一定的法律法规来为它护航保驾，也可以将生态环境补偿制度和减免税制度结合在一起，直接使个人和企业得到税收减免（一定要保证减免税的金额要与补偿金一致）。

三、科技创新和劳动者素质的提高与中国环境问题

1. 环境问题的解决离不开科学技术的创新

科技的不断进步给人类既带来了辉煌的文明，也带来了新的环境问题。资源环境问题的解决是离不开科学技术创新的支持。人类对资源环境的利用结构和利用方式决不会一成不变，人类对发展模式的选择决不会始终如一。科学技术革命，已经证明了这两个“决不会”的正确性，并将继续推动人类对资源环境的利用结构、利用方式以及经济发展模式的认识深化，进而为环境问题的解决提供科技支撑。

科学技术的创新，可以扩大资源范围和开发出新的资源。在石油资源需求量扩大而日益紧缺的情况下，寻求新的油源、节约用油和开发替代能源，正在为科技发展开辟新的天地。

科学技术的创新，可以改进资源利用方式，提高资源利用率。例如森林，至今已经经历了以其个别成分基础的肥料利用阶段、以其能量为基础的燃料利用阶段、以其物理形态为基础的材料利用阶段、以其化学成为基础的原料利用阶段，目前正在进入以其整体功能为基础的环境保护利用阶段。在历史进程中，人类正是依靠科学技术创新改变资源利用结构和资源利用方式，不断地将文明推向新的里程碑，使历史上马尔萨斯的预言没有变为现实，才使罗马俱乐部的悲观式的预言没有变为现实。

科学技术的创新，支持着我们对科学发展模式的选择。科学发展观的提出，有我国社会主义制度的保障，也有其科学技术进步的深刻背景。我国的科学技术在中华人民共和国建国以来取得了巨大成就，但是，科技体制还需深化改革，科技创新体系还没

有完全建立。因此，通过改革与创新，逐步形成既顺应社会主义市场经济要求，又符合科技发展自身规律的科技体制，优化科技资源配置，进一步加强与可持续发展相关的科学研究体系、技术开发体系、科技服务体系建设，调动科技人员从事可持续发展领域研究和产业化的积极性、创造性，是我国促进与实现人口资源环境可持续发展的关键。

科学技术的创新，推动着环境保护向良性发展。在政府的支持下，我国正在努力研究开发出一大批对可持续发展有重大影响的关键性技术，提高可持续发展的技术水准和能力。如果这些技术很快地在企业结构调整过程中推行开来，并在经济发展中，遵循生态学的规律，把清洁生产、资源综合利用、生态设计与可持续消费和加强企业管理等融为一体，实现废物减量化、资源化和无害化，将使经济系统和自然生态系统的物质和谐循环，维护自然平衡且保持经济增长。这就是当前国际国内大力提倡的循环经济。循环经济是环保经济，也是科技经济。循环经济不同于传统经济，它走的是“资源消费－产品与用品－再生资源”的封闭式路径，完全依靠科技创新从“输入端”到“输出端”进行全程式控制。只有积极发展循环经济，才能真正地推进我国整个社会走上一条可持续发展能力不断增强、生态环境不断得到改善、资源利用效率显著提高、人与自然关系更加和谐的文明发展道路，这是一条生产发展、生活富裕、生态良好的光明之路。

综上所述，我国经济的可持续发展过程，包括通过科学技术变迁，实现相对丰富的自然资源（包括原先尚未利用的自然资源）对相对稀缺的自然资源（包括因利用过度而急剧减少或耗竭的自然资源）的替代，以及人造资本（包括物质资本和人力资本）对自然资源的替代，进而实现社会发展持续性的过程。所以，要保持环境、资源与社会的协调发展，关键在于提高调整资源环境的利用结构和改进资源环境的利用方式的能力，在于转换与创新发展观念。换句话说，我国环境、资源与社会的和谐、持续发展的保持，在很大程度上是科学技术创新和发展观念转变的结果。

2. 环境问题的解决需要提高劳动者的整体素质

在我国处于这样一个社会主义初级阶段，有13亿人口的发展中大国，解决好人口资源环境问题，是一项长期的、复杂的、艰巨的任务。做好人口资源环境工作必须紧紧依靠广大人民群众，要把广大人民群众的素质提高上去，把他们的劳动与创造的积极性充分发挥出来，形成深厚的社会基础。只要充分调动和发挥人民群众的积极作用，我们就能不断开创人口资源环境工作的新局面。

劳动者素质问题，既是一个社会问题，也是一个经济问题。实现我国经济发展的战略目标，经济本身的增长固然很重要，而适当地控制人口增长和逐步提高人口素质关系也很大。如果我们不能把人口控制住，大量的经济成果就会被过快增长的人口抵消掉，这是一个问题紧密联系的两个方面。人口与劳动者素质问题，从本质上讲是发展问题。我们在经济社会发展中遇到的许多问题，诸如吃饭问题、就业问题、教育问题、环境问题等等，都与人口基数、增长速度、劳动者素质有着直接的关系。实践证明：按照马克思主义所揭示的关于人口生产要与物质资料生产相适应的理论，从我国的基本国情出发所作出的决策——计划生育，是发展社会主义社会的生产力，提高人民的生活水平，增强国家的综合国力的需要。

没有对人口增长的合理控制，没有劳动者素质的提高，经济、社会、资源环境协调发展就不可能。因此，要努力提高人民的物质文化生活水平，以及道德修养和身心健康水平，保障人民的合法权益，促进国民素质的全面发展和提高。利用经济与社会发展、教育普及、科学技术进步等有利条件，全面促进劳动者素质的提高，妥善处理好当代人口与发展的关系，为子孙后代创造较好的生存和发展环境，这是历史赋予我们的责任。

为此，我们需要在全社会树立正确的经济发展观和环保意识，在全社会树立起“破坏生态环境就是破坏生产力，保护生态环境就是保护生产力，改善生态环境就是发展生产力”的生态观。这是劳动者素质中的一个主要方面。还应结合各地的环境问题，利用不同的环境纪念日，加强环保宣传，唤起居民的环保意识，培养生态道德，树立保护生态的自我约束意识和生态责任感。

需要增强公众参与责任意识。首先，环境保护需要社会各方面的共同参与。公众是环保的重要力量。公众通过对自身生活质量和健康的关注，支持政府和企业的积极行动，能够形成一种推动力。公众也可依据法律程序，对政府和企业的行动形成社会监督压力。目前，我国生产力发展水平低，环保还未成为全民自觉行动，对政府、企业缺乏监督，污染治理还缺乏社会基础。人们对环保的参与是以对自身生活质量、健康的关注为基础，所以，政府应及时把污染研究成果，特别是对健康的危害，通过新闻媒体向公众广泛宣传，普及环保知识，提高公众对污染危害的认识水平。其次，在循环经济的社会发展机制建构中，加强对公众的宣传教育，大力倡导绿色消费，使公众改变传统的消费观念和生活方式，树立与环境相协调的价值观和伦理观，自觉自愿地选择有利于环境的生活方式和绿色消费方式，使全社会各行各业、各个社区、千家万户之间形成能量和物流的多层次交换网络，走上社会整体良性循环的轨道，共同营造一个和谐、文明的循环型社会。

同时需要积极发展各级各类教育，提高全民可持续发展意识。要强化人力资源开发，提高公众参与可持续发展的科学文化素质，在基础教育以及高等教育教材中增加关于可持续发展的内容，在中小学开设“科学”课程，在部分科研部门和高等学院参与下建立可持续发展的示范区。政府有关部门要在经费投入和工作安排方面，加大面向全社会的宣传、普及、推广、应用等软环境建设的力度。科研机构要向社会开放。要利用大众传媒和网络广泛开展国民素质教育和科学普及，加快培育一大批熟悉优生优育、生态环境保护、资源节约、绿色消费等方面基本知识和技能的科研人员、公务员和志愿者。还要积极鼓励与支持社会组织和民间团体参与促进可持续发展的各项活动。

参考文献

一、经典著作

[1] 《马克思恩格斯选集》第 1－4 卷，人民出版社 1995 年版。

[2] 《马克思恩格斯全集》第 3 卷，人民出版社 1960 年版。

[3] 《马克思恩格斯全集》第 17 卷，人民出版社 1963 年版。

[4] 《马克思恩格斯全集》第 23 卷，人民出版社 1972 年版。

[5] 《马克思恩格斯全集》第 25 卷，人民出版社 1974 年版。

[6] 《马克思恩格斯全集》第 35 卷，人民出版社 1971 年版。

[7] 《马克思恩格斯全集》第 39 卷，人民出版社 1974 年版。

[8] 《马克思恩格斯全集》第 42 卷，人民出版社 1979 年版。

[9] 《马克思恩格斯全集》第 44 卷，人民出版社 2001 年第 2 版。

[10] 《马克思恩格斯全集》第 46 卷(上)，人民出版社 1979 年版。

[11] 《马克思恩格斯全集》第 46 卷(下)，人民出版社 1980 年版。

[12] 《资本论》第一、三卷，人民出版社 2004 年版。

[13] 《列宁选集》第 2 卷，人民出版社 1995 年版。

[14] 《斯大林全集》第 7 卷，人民出版社 1958 年版。

[15] 《毛泽东选集》第 4 卷，人民出版社 1991 年第 2 版。

[16] 《邓小平文选》第 3 卷，人民出版社 1993 年版。

二、中文文献

[17] 童大林、刘吉:《春雨行———对全球发展战略的探讨》，经济科学出版社 1985 年版。

[18] 钟流泽:《美国的经济概貌》，今日世界出版社 1986 年版。
[19] 刘竞主编:《中东手册》，宁夏人民出版社 1989 年版。
[20] 喻权域:《论“三个时间差”——与两代人谈社会主义》，辽宁出版社 1993 年版。
[21] 奚广庆、王瑾:《西方新社会运动初探》，中国人民大学出版社 1993 年版。
[22] 王伟:《生存与发展——地球伦理学》，人民出版社 1995 年版。
[23] 卫建林:《历史没有句号》，北京师范大学出版社 1997 年版。
[24] 王之佳编著:《中国环境外交》，中国环境科学出版社 1999 年版。
[25] 万以诚、万岍选编:《新文明的路标——人类绿色运动史上的经典文献》，吉林人民出版社 2000 年 1 月版。
[26] 李泊言:《绿色政治——环境问题对传统观念的挑战》，中国国际广播出版社 2000 年版。
[27] 李周、孙若梅:《中国环境问题》，河南人民出版社 2000 年版。
[28] 郇庆治:《欧洲绿党研究》，山东人民出版社 2000 年版。
[29] 唐袅:《科技属于人民》，中国人民大学出版社 2001 年版。
[30] 解保军:《马克思自然观的生态哲学意蕴——“红”与“绿”结合的理论先声》，黑龙江人民出版社 2002 年版。
[31] 马也:《历史是谁的朋友》，中央民族大学出版社 2003 年版。
[32] 曾昭耀:《经济全球化：现代化进程面临的新的挑战》，载北京大学世界现代化进程研究中心主编的《现代化研究》第 2 辑，商务印书馆 2003 年 7 月版。
[33] 王诺:《欧美生态文学》，北京大学出版社 2003 年版。

[34] 肖显静:《生态政治——面对环境问题的国家抉择》，山西科学技术出版社 2003 年版。
[35] 成升魁等著:《2002 中国资源报告》，商务印书馆 2003 年版。
[36] 高中华:《环境问题抉择论——生态文明时代的理性思考》，社会科学出版社 2004 年版。
[37] 梅雪芹:《环境史学与环境问题》，人民出版社 2004 年版。
[38] [美]马尔库塞:《工业社会和新左派》，商务印书馆 1982 年版。
[39] [美]彼得·柯利尔、[美]戴维·霍罗威茨著，劳景素译:《洛克菲勒王朝》，上海译文出版社 1982 年版。
[40] [法]让 – 雅克·塞尔旺 – 施赖贝尔著、朱邦造译:《世界面临挑战》，生活·读书·新知三联书店 1984 年版
[41] [英]保罗·哈里森著，钟菲译:《第三世界——苦难、曲折、希望》，新华出版社 1984 年版。
[42] [英]汤因比、[日]池田大作:《展望二十一世纪》，国际文化出版公司 1985 年版。
[43] [意]奥雷利奥·贝切伊:《人的素质》，辽宁大学出版社 1988 年版。
[44] [美]弗罗姆著、杨慧译:《占有与存在》，国际文化出版公司 1989 年版。
[45] [美]弗·卡普拉:《转折点：科学、社会兴起中的新文化》，中国人民大学出版社 1989 年版。
[46] [埃及]萨米尔·阿明著:《不平等的发展——论外围资本主义的社会形态》，商务印书馆 1990 年版。
[47] [美]C. S. 西尔弗等著、徐庆华等译:《一个地球，共同的未来》，中国环境科学出版社 1999 年版。
[48] [英]R. 贝尔格雷夫等:《2000 年的能源安全》，时事出版

社 1990 年版。
[49] [瑞典]冈纳·缪尔达尔:《世界贫困的挑战》,北京经济学院出版社 1991 年版。
[50] [美]拉兹洛:《系统哲学讲演集》,中国社会科学出版社 1991 年版。
[51] [美]迈克尔·P·托达罗著、印金强等译:《经济发展与第三世界》,中国经济出版社 1992 年版。
[52] [德]冈特·绍伊博尔德:《海德格尔分析新时代的科技》,中国社会科学出版社 1993 年版。
[53] [美]世界资源研究所:《世界资源报告(1992 - 1993)》,中国环境科学出版社 1993 年版。
[54] [俄]戈尔巴乔夫、[德]勃兰特等著:《未来的社会主义》,中央编译局出版社 1994 年版。
[55] [英]保罗·肯尼迪:《为 21 世纪做准备》,新华出版社 1994 年中文版。
[56] [加]威廉·莱斯:《自然的控制》,重庆出版社 1996 年版。
[57] [英]戴维·皮尔斯等:《世界无末日》,中国财政出版社 1996 年版。
[58] [日]岩佐茂:《环境的思想》,中央编译出版社 1997 年版。
[59] [英]皮尔斯:《绿色经济的蓝图——衡量可持续发展》,. 北京师范大学出版社 1997 年版。
[60] [巴西]何塞·卢岑贝格著,黄凤祝译:《自然不可改良》,生活·读书·新知三联书店 1999 年版。
[61] [美]斯塔夫里阿诺斯著、吴象婴等译:《全球通史 1500 年以后的世》,上海社会科学院出版社 1999 年版。
[62] [日]岸根卓郎著、何鉴译:《环境论——人类最终的选择》,南京大学出版社 1999 年版。
[63] [美]蕾切尔·卡逊著、吕瑞兰等译:《寂静的春天》,京华

出版社 2000 年版。
[64] [美]芭芭拉·沃德、勒内·杜博斯著，《国外公害丛书》编委会译校：《只有一个地球》，吉林人民出版社 2000 年版。
[65] [美]P. 麦卡利编著：《大坝经济学》，北京：中国发展出版社 2001 年版。
[66] [美]诺曼·迈尔斯著、王正平等译：《最终的安全——政治稳定的环境基础》，上海译文出版社 2001 年版。
[67] [瑞典]冈纳·缪尔达尔著、方福前译：《亚洲的戏剧》，首都经济贸易大学出版社 2001 年版。
[68] [乌拉圭]爱德华多·加莱亚诺：《拉丁美洲被切开的血管》，人民文学出版社 2001 年版。
[69] [美]唐奈勒·H·梅多斯等、赵旭等译：《超越极限——正视全球性崩溃，展望可持续的未来》，上海译文出版社 2001 年版。
[70] [美]彼得·休伯：《硬绿：从环境主义者手中拯救环境·保守主义宣言》，上海译文出版社 2002 年版。
[71] [英]克莱夫. 庞廷著、王毅等译：《环境与伟大文明的衰落》，上海人民出版社 2002 年版。
[72] [美]巴里·康芒纳著、王喜六等译：《与地球和平共处》，上海译文出版社 2002 年版。
[73] [英]埃里克·诺伊迈耶著、王寅通译：《强与弱——两种对立的可持续性范式》，上海译文出版社 2002 年版。
[74] [美]詹姆斯·奥康纳：《自然的理由：生态学马克思主义研究》，南京大学出版社 2003 年版。
[75] [美]查尔斯·P·金德尔伯格著、高祖贵译：《世界经济霸权 1500－1900》，商务印书馆 2003 年版。
[76] 世界银行：《2003 年世界发展报告——变革世界中的可持续发展》，中国财政经济出版社 2003 年版

[77] [美]罗纳德·奇尔科特主编:《替代拉美的新自由主义》,社会科学文献出版社 2004 年版。

[78] [加]莫德·巴洛、托尼·克拉克:《蓝金》,当代中国出版社 2004 年版。

三、报刊论文

[79] 陈敏豪:《制止污染输出的逆流》,《科技导报》1992 年第 5 期。

[80] 欧力同:《科学技术与意识形态》,载《人文杂志》1994 年第 5 期。

[81] 刘沐:《己所不欲,勿施于人》,《中国环境报》1995 年 9 月 30 日。

[82] 张蔚斌、马磊:《地缘政治与智缘政治》,载《世界经济与政治》1998 年第 8 期。

[83] 徐觉哉:《生态社会主义》,《中国人民大学学报》1998 年第 6 期。

[84] 尹希成、季正矩:《全球化时代的全球性问题》,载《当代世界与社会主义》1999 年第 3 期。

[85] 刘奔:《从"世界普遍交往"到"东西南北问题"》,《哲学研究》1999 年第 5 期。

[86] 赵朝成、赵东风、彭力:《北约空袭环境遭殃》,《世界环境》1999 年第 3 期。

[87] 范海刚:《海湾战争的后遗症》,《中国矿业报》2000 年 1 月 22 日。

[88] 张念群:《为了 21 世纪中国的可持续发展》,《经济日报》2000 年 1 月 12 日。

[89] 丛志杰:《全球可持续发展中的南北关系探析》,《内蒙古大学学报》(人文社会科学版)2000 年第 4 期。

[90] 田华峰：《环境污染的国际政治经济学：经济全球化中的环保困境》，载《新华文摘》，2001年第9期，第58页。
[91] 薄燕：《环境问题与美国国家安全战略》，载《美国研究》2002年第2期。
[92] 莫莎：《促进APEC框架下的环境合作》，载《世界经济研究》2002年第1期。
[93] 谌克祥，曹鸿飞：《可持续发展的哲学研究综述》，载《湘潭师范学院学报》(社会科学版)，2002年第1期。
[94] 魏建文：《美国与全球可持续发展》，载《广西社会科学》2002年第1期。
[95] (法国)胡安·卡洛斯·加拉瓦格里亚：《美洲的人和环境：论"决定论"和"可能论"》，载《国际社会科学杂志》中文版第10卷第4期。
[96] 黄建新：《马克思、恩格斯保护生态平衡的卓见———解决环境问题的指导思想》，载《理论探讨》2001年第3期。
[97] 郭拥军：《试论冷战时期美国对拉美的经济援助》，载《拉丁美洲研究》2002年第3期。
[98] 郑易生：《环境污染转移现象对社会经济的影响》，载《新华文摘》2002年第7期。
[99] 王诺：《不可坍塌的生态长城》，载《社会科学报》2002年9月5日。
[100] 蔡先凤：《当代西方生态政治理论述评》，载《武汉大学学报》(社会科学版)2003年第2期。
[101] 李祥：《生态环境问题根源辨析》，载《科学技术与辩证法》2003年第4期。
[102] 朱建新、李玲：《地球难以承受之痛——关注军事环境保护》，载《解放军报》2004年6月23日。
[103] 《广东贵屿：为电子垃圾污染敲响警钟》，载《人民日报》

2004 年 5 月 17 日。

[104] (斯洛文尼亚)斯拉沃热·齐泽克著，张兆一译：《帝国》：21 世纪的《共产党宣言》，载《国外理论动态》2004 年第 8 期。

[105] 《参考消息》1972 年 - 2004 年。

四、英文文献

[106] Karl Grossman，Environmental Racism，《People，Penguins，and Plastic Trees》- Basic Issues in Environmental Ethics Pierce/Van Deveer 2 nd Edition Wadsworth Publishing Company P 39 - 44.

[107] Harvey O'Connor：*The Empire of Oil*，Monthly Review Press，1955，p.314.

[108] Romulo Betancourt：*Venezuela's Oil*，George Allen & Unwin (Pubishers) Ltd.，1978，p.38

[109] Patricia J.，"*West Earth：The Gulf War's Silent Victim*"，*Yearbook of Science and the Future*，Chicago，USA：Encyclopedia Britannica Inc.，1993，p.42.

[110] Tahir Husain，*Kuwaiti Oil Fires：Regional Enrironmental Perspectives*，Oxford，UK：Elsevier Science Ltd，1995，p.219 \ 142 \ 33.

[111] Saul Bloom，John M·Miler，james Warner and Philippa Winklen (ed.)，*Hidden Casualties：Environmental，Health and Political Consequences of the Persian Gulf War*，London，UK：Earth Scan Publication Ltd. 1994，p.162.

[112] James F.Dunnigan & Austin Bay，*From Shield to Storm*，New York，USA：William Morrow and Co Inc.，1992，P.263.

[113] Aldo Leopold：*Game Management*，Charles Scribner's Sons，

1933, New York, p.423.

[114] Henry Shue, *Ethics, the Environment and the Changing International Order*, International Affairs 71, 3 (1995), PP453 - 461.

[115] Brent Aardal, *Green Politics: A Norwegian Experience*, Scandinavian Political Studies 13(1990), P.151.

[116] The Swedish Green Party, *The Party Programme of Milj? partiet de Gr? na, 1997, p.72*

[117] Lester R . Brown, "*Redefining National Security*," *Worldwatch Pater*, No. 14, 1997.

[118] Ted Benton, *The Greening of Maxism*, The Guilford Press, New York London, 1996.

[119] David Goldblatt, *Social Theory and the Environment*, Polity Press, 1996.